持続可能な社会のための環境教育シリーズ〔8〕

湿地教育・海洋教育

朝岡幸彦／笹川孝一／日置光久 編著
阿部　治／朝岡幸彦 監修

筑波書房

はじめに

　2015年9月の国連サミットで持続可能な世界を実現するために、地球上の誰一人として取り残さないことを誓い、持続可能な開発目標（SDGs）が採択された。SDGsは一人一人の人間を尊重し、人々を包摂しながら持続的で豊かな社会を目指し、これまで分離しがちであった環境・経済・社会の分野が統合され、世界の未来を見通した目標となっている。

　気候変動や生物多様性、人々の分断の危機が叫ばれる現在において、世界共通の目標として極めて重要である。これに対応して、政府、企業、教育、民間団体などの垣根を超えた活動が始められている。特に民間企業の動きは活発であり、これまでの国際的な目標と比べると社会的な広がりがみはじめられたことは注目に値する。

　SDGsは2030年までの長期的な目標であり、すべてのステークホルダーが主体的に活動することが求められるが、一般市民まで十分に認識されているかと周りを見回してみると、そうでもないのではないだろうか。ボトムアップ型の環境教育が今こそ必要とされている。

　本書は環境教育の分野で先導的な役割を果たしてきた湿地および海洋に関する、最新の研究成果をわかりやすくまとめた書籍である。我が国では21世紀になって、自然再生事業や鳥類の野生復帰がはじまり、それらのプロジェクトに関連して環境教育を含む様々な取り組みがなされてきた。本書の特徴はそれらの事例に基づいている点である。

　なぜ湿地や海洋などが環境教育の最前線の場となってきたのかについて少し言及したい。水は命の源泉であり、水辺には多様な生物が生息する。一方で水辺は水害や高潮などの災害に見舞われる場でもある。水辺は共同利用の歴史を持っており、多くの人々が災害と恵みのバランスを図りながら、争い

や話し合いを繰り返しながらかかわってきた場所である。自然の利用と保護、災害の防除と恵みの取得、個人の利用と共同の利用、そのような様々なせめぎあいがあり、それらをどのようにしてバランスを取り、克服すればいいのかが問われる場である。自然も人間模様も複雑な場であるからこそ、人々は自然に対する正確な知識を獲得し、お互いの立場を学び、対話や協働の方法論を会得することが必要である。すなわち水辺は豊かで複雑であるからこそ、環境教育が発展する必然性があるのである。このような複雑な場を対象として構築されてきた環境教育論には現実的な問題を解決する知恵が詰まっている。

　環境教育を志す人々にぜひ一読していただきたい書である。

島谷幸宏（日本湿地学会会長）

目次

はじめに……3

序　章　SDGsにおける湿地教育・海洋教育……9
1　SDGsは何を意味するのか……9
2　SDGsの教育（ESD）における湿地教育の役割……12
3　湿地教育・海洋教育に期待されるもの……15

第1章　湿地教育の教育学を考える……19
1　湿地教育の必要性と「湿地教育」の落とし穴……19
2　「湿地学」の構造について……23
3　湿地教育実践の構造と能力論、「教育」「学習」論……32
4　湿地教育の教育学を考える……39

第2章　水のつながりに生きる学び……43
1　はじめに……43
2　湿地のある地域づくりを支える視点……44
3　森・川・海のつながりを認識する視点……47
4　水のつながりに根ざし人と人をつなぐ視点……49
5　おわりに……51

第3章　CEPAにおける体験学習の役割……55
1　はじめに……55
2　「CEPA」概念の成立と発展……56
3　CEPAにおける体験学習の内容と方法……61
4　おわりに……66

第4章　学校教育における海洋教育の展開 ……………………… 69
　1　はじめに…… 69
　2　海洋教育の展開…… 71
　3　学習指導要領における「海洋」に関する記述…… 72
　4　「水の温まり方」の学習における海洋教育の考え方の一事例…… 74
　5　おわりに…… 80

第5章　「海洋教育」という物語 ………………………………… 83
　1　はじめに…… 83
　2　海洋教育を構築する…… 85
　3　海との関わりの（再）構築…… 88
　4　おわりに―海洋教育とは何か…… 92

第6章　タンチョウ保護と共生のための湿地教育 ………………… 95
　1　はじめに…… 95
　2　タンチョウとは、どのような鳥なのか…… 96
　3　タンチョウと食物連鎖…… 98
　4　タンチョウ保護と羽数増加の歴史 …… 99
　5　タンチョウ保護の課題…… 102
　6　タンチョウとの共生の課題…… 103
　7　おわりに―鶴居村から…… 105

第7章　ツルに関わる環境教育・活動の意義―鹿児島県出水市― ………… 111
　1　はじめに…… 111
　2　出水市立荘中学校の「ツルクラブ」による環境教育と郷土意識の醸成…… 113
　3　「出水市ツル博物館クレインパークいずみ」の地域と世界を結ぶ役割…… 117
　4　おわりに…… 118

第8章　地域づくりと「湿地の文化」教育 ………………………… 121
　1　はじめに…… 121

2　湿地を活かした地域づくり……121
  3　「湿地の文化」を活かした地域づくりと「湿地の文化」教育……124
  4　「湿地の文化」を活かした地域づくりと「湿地の文化」教育の事例……127
  5　おわりに……133

終　章　エコロジストが考える地域の人づくり ……………………………………135
  1　はじめに……135
  2　理解するということ……137
  3　人間はどういう動物か……140
  4　地域の意識……142
  5　おわりに―地域の人づくり……144

むすび …………………………………………………………………………149

序章　SDGsにおける湿地教育・海洋教育

朝岡　幸彦

1　SDGsは何を意味するのか

　2015年の国連総会で「持続可能な開発のための2030アジェンダ」が採択され、「持続可能な開発目標（SDGs/Sustainable Development Goals）」が提起された。SDGsは2030年までに達成を目指す国際的な目標で、持続可能な世界を実現するための17のゴール・169のターゲットから構成されている。持続可能な開発目標（SDGs）の達成のためには、「目標4．すべての人に包摂

図序-1　「4」が真ん中のSDGs
（日本ユネスコ国内委員会教育小委員会資料、2017年9月一部修正）

的かつ公正な質の高い教育を確保し、生涯学習の機会を促進する」の役割が極めて大きいと考えられる。それは、すべてのゴールとターゲットを実現する主体が仮に国家（行政）や企業（事業者）であっても、その実現を促す行為も含めて市民の主体的な行動なしには達成しえないからである。教育が「全てのSDGsの基礎」であるとともに、「全てのSDGsが教育に期待」していると考えられている（**図序-1**）。

他方で、湿地と海洋の保護・保全に関わるゴールは「目標14．海の豊かさを守ろう」だけのように見えるが、湿地や海洋を「水」という概念に広げると、「目標6．安全な水とトイレを世界中に」が入る。目標6は「すべての人々の水と衛生の利用可能性と持続可能な管理を確保する」ことであり、次の6つのターゲットと2つの手法が提示されている。

6.1　2030年までに、すべての人々の、安全で安価な飲料水の普遍的かつ衡平なアクセスを達成する。

6.2　2030年までに、すべての人々の、適切かつ平等な下水施設・衛生施設へのアクセスを達成し、野外での排泄をなくす。女性及び女児、ならびに脆弱な立場にある人々のニーズに特に注意を払う。

6.3　2030年までに、汚染の減少、投棄の廃絶と有害な化学物質・物質の投棄と放出の最小化、未処理の排水の割合半減及び再生利用と安全な再利用を世界的規模で大幅に増加させることにより、水質を改善する。

6.4　2030年までに、全セクターにおいて水利用の効率を大幅に改善し、淡水の持続可能な採取及び供給を確保し水不足に対処するとともに、水不足に悩む人々の数を大幅に減少させる。

6.5　2030年までに、国境を越えた適切な協力を含む、あらゆるレベルでの統合水資源管理を実施する。

6.6　2020年までに、山地、森林、湿地、河川、帯水層、湖沼を含む水に関連する生態系の保護・回復を行う。

6.a　2030年までに、集水、海水淡水化、水の効率的利用、排水処理、リサ

序章　SDGsにおける湿地教育・海洋教育

イクル・再利用技術を含む開発途上国における水と衛生分野での活動と計画を対象とした国際協力と能力構築支援を拡大する。
6.b　水と衛生の管理向上における地域コミュニティの参加を支援・強化する。

　世界には26億人（5人に2人）が衛生的なトイレを使えず、9億5,000万人近くが日常的に屋外で排泄している（NATIONAL GEOGRAPHIC日本版、2017年8月号）。確かに地球の表面には13億8,600km^{3}もの大量の水が存在しているが、そのうちの淡水は2.5％（3,503万km^3）を占めるに過ぎない。こうした状況のなかで世界平均の年間1,700m^{3}より少ない水資源しかえられない「水ストレスの下に置かれている人」が約7億人おり（UNDP報告書、2006年）、「水不足状況」（1,000m^{3}未満）や「絶対的な水不足状態」（500m^{3}未満）の人も多い（井田 2011）。
　一般的に、雨が多い日本は水が豊かで、上下水道の整備も進み、断水もほとんどないため、水資源が将来にわたって安泰であると考えられやすいが、必ずしもそうとは言えない。水の需給に関する切迫の程度（水ストレス）を「人口一人当たりの最大利用可能水資源量」ではなく、「年利用量／河川水等の潜在的年利用可能量」で計算すると、〈試算1〉年間利用量を870.34（億m^3／年）とした場合で0.254、0.2≦0.254≦0.4＝＞「河川水等の量に対する使用量の割合が比較的高い地域で将来水不足の状態に入る可能性が高い」、〈試算2〉年利用量が発電用水取水量を含む年間淡水取水量の3,340.45（億m^3／年）とした場合で0.976≒1＝＞「高い水ストレス下にある状態」となるとされている（2012年版「日本の水資源」国土交通省／内閣府 https://www.esri.cao.go.jp/jp/sna/sonota/satellite/kankyou/contents/pdf/3-4.pdf）。さらに、日本人の平均的なウォーターフットプリント（WF／輸出物資を生産するために実際に消費された水の量）は1年間で約2,200ℓであり、世界平均の1,243ℓを大きく上回っている（井田 2011）。
　また、「都市と水と人」との関わりをSDGsのゴールとの関係で整理する（原図作成・福士・仲上 2019）と、全てのゴールが水と深い関わりを持つこと

がわかる。(1) 貧困をなくそう：スラム地区の生活改善、(2) 飢餓をゼロに：セーフティネットの充実、(3) すべての人に保健と福祉を：衛生施設・感染症対策、(4) 質の高い教育をみんなに：水環境教育、(5) ジェンダー平等を実現しよう：水アクセスの改善、(6) 安全な水とトイレを世界中に：浄水・屎尿処理施設の普及、(7) エネルギーをみんなにそしてクリーンに：水施設の省エネ、(8) 働きがいも経済成長も：水関係労働者の生きがい、(9) 産業と技術革新の基盤をつくろう：水ビジネス環境の整備、(10) 人や国の不平等をなくそう：水ガバナンス、(11) 住み続けられるまちづくりを：水の安全保障、(12) つくる責任つかう責任：水と暮らしの見直し、(13) 気候変動に具体的な対策を：洪水・台風・高潮対策、(14) 海の豊かさを守ろう：里海の普及・海ごみ対策、(15) 陸の豊かさも守ろう：水と緑と土の保全、(16) 平和と公正をすべての人に：低所得者への水アクセス、(17) パートナーシップで目標を達成しよう：都市における水環境。

　このように湿地と海洋の保護・保全においても、SDGsの実現は避けることのできない課題となっている。

2　SDGsの教育（ESD）における湿地教育の役割

(1)「湿地」という場がもつ教育的意味

　日本にある「湿地」を数えることはおそらく困難であろう。そもそも年間降雨量が多く、海に囲まれた島国である日本という国土の中に「湿地」でないところを探す方が難しいのかもしれない。仮にラムサール条約（特に水鳥の生息地として国際的に重要な湿地に関する条約）の登録湿地を「湿地」の代表とするならば、その数は50か所（148,002ha）である。だが、条約によれば、「湿地とは、天然のものであるか人工のものであるか、永続的なものであるか一時的なものであるかを問わず、更には水が滞っているか流れているか、淡水であるか汽水であるか鹹水であるかを問わず、沼沢地、湿原、泥炭地又は水域をいい、低潮時における水深が六メートルを超えない海域を含

序章　SDGsにおける湿地教育・海洋教育

む。」と定義されており、山の頂付近に位置する水源から川の流域の湧水や水田を経て里海にいたる領域が「湿地」に含まれてしまう。また、この条約が「水鳥」と深い関わりを持つものであることも、「特に水鳥の生息地として国際的に重要な湿地に関する条約」という条約の正式名称からわかる。

　2015年度〜2018年度の4か年にわたる科学研究費補助金（基盤研究B）として「持続可能な開発のための教育（ESD）における湿地教育の役割に関する研究」が採択された。この研究の大きな特徴は、「湿地教育」という概念にある。環境教育に対して「持続可能な開発のための教育（Education for Sustainable Development/ESD）」がより広範で構造的な環境問題への取り組みをさすように、水田・河川・湖沼・海洋などの多様な水辺を「湿地」と捉えることで地球の水循環に連なる包括的で総合的な水環境の把握が可能となる。ESDに対応する環境教育のひとつの柱として「湿地教育」を立てることで、「水」をキーワードに身近な生活環境から地球環境全体に広がる新たな環境教育の領域を切り拓くことができる。ここでは、生物多様性及び地球温暖化等の地球環境問題に対応する枠組みとして「湿地教育」の役割に注目することで、環境学を支える市民教育のあり方を提起しようとするものである。

（2）「湿地教育」はどのように研究されてきたのか

　2008年に発足した日本湿地学会は「湿地」をラムサール条約に即して定義し、自然科学・社会科学の枠を越えて包括的な調査研究を進めるとともに、CEPA（Communication, Education, Participation and Awareness: コミュニケーション、教育、参加、普及）の推進をはかることを目的としている。

　また、日本国際湿地保全連合（WIJ）も湿地の生物多様性保全とワイズユースの実現を目的に、生物調査や湿地と人間の関わり事例の収集とともに、ラムサール条約のCEPAを積極的に進めている。このようにラムサール条約に代表される湿地の保護・保全に関わる調査・研究が、CEPAと呼ばれる広義の「湿地教育」を不可欠の領域として位置づけてきた。

わが国では、『環境教育指導資料』（文部科学省／国立教育政策研究所、2014年改訂予定）や「環境保全の意欲の増進及び環境教育の推進に関する法律」（環境教育推進法／2003年）、学校教育法・社会教育法（2001年改正）にも「自然体験活動」の充実及び奨励が明記されている。

　他方でコウノトリに代表される絶滅危惧大型鳥類の野生復帰事業には、人口巣塔の設置やエサ場となる無農薬栽培の水田や水路・湿地の確保など、地域住民の理解と積極的な協力が不可欠である。東京農工大学連合農学研究科（DC）と同志社大学の院生グループは、共同研究「コウノトリ野生復帰型事業における環境教育の役割と実践」（2014年度豊岡市学術研究補助事業）に取り組み、野生復帰事業における市民教育（学校教育、社会教育）の重要性を明らかにしようとした。生態系の頂点に位置する大型鳥類の野生復帰に注目することで、里山や湿地を介した地域づくり教育の一環としての湿地教育の重要性が明らかとなる。

　本書の目標は、ポストDESD（持続可能な開発のための教育の10年の後/2015年度以降）のもとでESDを踏まえた環境教育のあり方として、「湿地教育」を新たな研究・実践領域として提起することにある。

　そのためには、ESDとしての湿地教育の役割と可能性に関する基礎的な研究の蓄積が必要であり、手始めとして広範囲な地域における湿地の保全を必要とする大型鳥類の野生復帰事業等に関わる環境教育実践に注目することが有効である。コウノトリの野生復帰事業を進める兵庫県豊岡市を典型に、大型鳥類の野生復帰や保護・繁殖に取り組む自治体の多くが事業そのものをまちづくりのシンボルとして位置づけ、積極的に湿地に関わる環境教育の機会を提供しようとしている。こうした地域づくり教育の取り組みは、コウノトリに限らず、佐渡のトキ、根釧のタンチョウ、出水のナベヅル・マナヅルなど重要な観光資源として位置づけられながら進められるとともに、景観を含むまちづくりのあり方そのものを見直す契機となりうるものである。

　しかしながら、湿地教育の特徴は特定の地域に限定されたものではなく、田園、流域、海洋などを通じて地球全体への広がりをもつところにある。こ

こでは、「汎（Pan）湿地教育」の可能性として水田教育（田んぼの学校）や流域教育（川の学校）、湖沼教育（湖の学校）、海洋教育（海の学校）などを視野に入れたESD型湿地教育の体系を構想しうるものである。

ESDとしての湿地教育を構想するためには、大型鳥類の野生復帰事業に取り組む地域やラムサール条約登録湿地における環境教育実践（とくに自然体験学習）をひとつの拠り所としながらも、湿地を支える文化や技術を再評価し、社会のあり方を問い直す営みと結びつく必要がある。

（3）「湿地教育」研究のために

本書の主な特色と独創性を整理すると、以下の3点にまとめることができる。①生物多様性を担保し、地球温暖化の抑制等に効果があるといわれている「湿地」に注目し、湿地をフィールドとする新たな環境教育の枠組みとして「湿地教育」を提起していることである。②湿地教育の広がりを「汎（Pan）湿地教育」の可能性として捉え、水田教育、流域教育、湖沼教育、海洋教育など、これまで個別に議論されることの多かった「水（みず）系環境教育」を総合的な枠組みの中で体系化しようとしていることである。③ポストDESDにおける持続可能な開発のための教育（ESD）の具体的な実践モデルとして「湿地教育」を位置づけることで、自然生態系としての「湿地」の保全を基礎に、湿地を支える文化や技術を再評価し、湿地の開発を進めてきた現代社会のあり方そのものを問い直す市民教育（学校教育、社会教育）としての可能性をもつものである。

3　湿地教育・海洋教育に期待されるもの

私たちが生きる、この地球という星は「水」の惑星とも言われている。これは惑星の表面を水が覆っているからだけでなく、むしろ地球内部のマントルに平均して0.1重量％（マントル全体で海水の数倍の水）という大量の水が蓄えられていると考えられているからである（唐戸俊一郎、2017年）。つ

まり、海水をはじめとした地表の水は海→大気→降雨→河川→海という地表面における水循環だけでなく、マントル→海→マントルというより大きな水循環が湿地や海洋という地表面の水を支えているのである。そして、この地球内部との水循環によって引き起こされるのがプレートテクトニクスであり、これは他の惑星や衛星では観測されない地球だけの現象と考えられている。月を含む他の星々にも多くの「水」が存在しており、その意味では「水」の惑星・衛星であるにも関わらず地球だけに地表との水循環があるらしい、その理由を科学は解明しようとしている。

　私たちは目にすることのできる地表面の「水」にだけ注目しがちであるが、湿地や海洋という地表の「水」は地球という惑星の成り立ちや本質に深く根ざしたものである。さらに、湿地や海洋と人との関わりは、「都市と水と人」との関わりを包み込むことにより多くの文明・文化的な背景を持っている。本書は、湿地教育・海洋教育という視点から、この「湿地や海洋と人」との関わりのあるべき姿を模索し、提示しようとするものである。

　　序　章　SDGsにおける湿地教育・海洋教育（朝岡幸彦）
　　第1章　湿地教育の教育学を考える（笹川孝一）
　　第2章　水のつながりに生きる学び（石山雄貴）
　　第3章　CEPAにおける体験学習の役割（田開寛太郎）
　　第4章　学校教育における海洋教育の展開（日置光久）
　　第5章　「海洋教育」という物語（田口康大）
　　第6章　タンチョウ保護と共生のための湿地教育（野村卓）
　　第7章　ツルに関わる環境教育・活動の意義（農中至・酒井佑輔）
　　第8章　地域づくりと「湿地の文化」教育（佐々木美貴）
　　終　章　エコロジストが考える地域の人づくり（江崎保男）

　そして、私たちがこれから先もこの地球という惑星で生きていくための不可欠の条件としてSDGsが提起されているのであり、その実現を目指して私

たちは「学ぶ」ことが求められているのである。もちろん、私たちは一人ひとりの能力を開花させ、お互いを認め合うことで、人生の質を高めるために学んでいるのである。私たちの学習は、全人類的な目標を達成するための手段ではない。だが、私たちは「学ぶ」ことで社会と向き合い、社会の課題を解決することも確かである。

引用・参考文献
井田徹治『データで検証　地球の資源』（講談社ブルーバックス、2011年）
自然体験学習実践研究会『ESDにおける湿地教育の役割』（自然体験学習実践研究　2巻2号、2017年）
唐戸俊一郎『地球はなぜ「水の惑星」なのか』（講談社ブルーバックス、2017年）

第1章　湿地教育の教育学を考える

笹川　孝一

1　湿地教育の必要性と「湿地教育」の落とし穴
（1）人間の生命と生活にとって不可欠な「湿地」と「湿地教育」

　地球における、水と大地が接する所としての湿地に関連する「湿地教育」は、こんにち、ますます重要なものとなっている。

　地球上の生命体の一種である、私たち人間の身体の基本的構成要素としての細胞の生成・維持・更新には、身体の内外での水循環が必要である。その水は地球規模での水循環を構成する「湿地＝wetlands」を通じて供給されてきた。他方、河川の氾濫などのように、湿地は災害をもたらすこともあったので、長い年月をかけて、人間は水・湿地と共に生きるために、必要な技・知識・智慧を磨き、伝えあい、展開させてきた。

　しかし、18世紀以後の「産業革命」は、湿地の賢い活用と共に、過度な湿地の埋め立てによる自然干潟や湖沼の破壊・消滅や工業廃水等による水の汚染も広げ、生態系やその一部としての人間の生命を脅かすようになった。日本でも、鉱山や工場、家庭からの廃水が浄化されないままに河川や湖・海などに流れ込み、水、植物、魚などが汚染された。水俣病や原発事故にみられるように、水の汚染は、胎児を含めた人体にも深刻なダメージを与え、山菜、竹の子、きのこを楽しむ伝統的暮らしをも破壊した。

　これらを背景に、人間を含む生物と水との相互依存の大切さ、湿地の再生や保全、持続可能で賢い湿地の活用の伝統継承と発展への取り組みを自覚的に推進する必要性について、共通認識が生まれた。そして、これを表現する

ために、湿原、湖沼、河川、温泉、水田、ため池、廃水処理区域などの多様な水と大地の接する場の総称として「湿地＝wetland」という概念が創り出され、「湿地」の保全・再生と持続可能な利用等を推進する国際条約「ラムサール条約」が1971年に作られた（マシュー 1995）。

　そしてこの「湿地」概念を前提として、「湿地教育」という新しいジャンルが、いま形成されつつある。それはまず、①身近な個別の湿地についての体験・認識を１つの入り口とする。それはまた、②広く太陽系・地球における人を含む生物・生命体と水・湿地との関係について認識を深めていく。さらに、③個別の、または一定の地域の、および地球全体の湿地に関連する、持続可能で賢い保全・再生や利活用の方法、生活様式としての文化を軸として、人間社会や一人一人の生活を再構成することと、そのための実践能力の育成を視野に入れる。そして、④それらに関する技や知識、智慧を、自己研鑽と相互協力によって共に探求し、伝えあい育ちあい支えあう行為である。

（２）「湿地教育」の落とし穴

　湿地教育は、現代に生きる私たち１人１人にとって、また、私たちの社会・自然にとって大切なものであるが「医学教育」「法教育」「環境教育」などと同様に、「○○教育」の一種である「湿地教育」には落とし穴がある。

　その１つは、「体系・課題説明型教育」の落とし穴である。それは、医学、法律、環境問題、湿地などの「○○学の体系」や「課題」を説明し、記憶を促進して、「教育」とする方法である。これは、問題の分析に必要である。しかし「私との関係性」が捨象されやすい点で十分ではなく、その結果、「難しい」「面白くない」という感想と習得放棄を生みやすい。

　もう１つは、「体験・感想表出型教育」の落とし穴である。これは、問題に関連する現場に行って観察・体験等を行い、その結果・感想をKJ法等で整理、絵・文章などでの表現・発表して、「教育」とする方法である。これは、具体的な事例を現場で扱うので、learner（探求者・学徒）の五感を刺激し、対象への「興味関心」を喚起し、満足度を高める。だが、体験を起点とした

「知識の生成・展開プロセス」にまで手が回りにくいことも少なくない。その場合には、興味は持ったが、現状や歴史、類似事例やメカニズムの理解の底が浅く、その湿地／群についての自分／たちの実践的課題とその見取り図の設計にまでは至りにくい結果を生みやすい。

（3）教育活動における2焦点・楕円モデルと「体験の経験化」「経験の体験化」

この2つの「落とし穴」を回避するために、「自然体験学習」（朝岡 2016）「日本的理科教育」（日置 2005、2007）等の取り組みもある。それらも踏まえれば、次のことが必要と考えられる。

それは、①湿地に関連して、具体的な現場・現実への接触による関心と意欲とを、知識生成に不可欠な湿地学の体系の習得と両立させ結び付ける。そして、②体験の経験化によって、自分たちと世界を踏まえた認識の展開を、知識やアート、課題解決を目指す処方箋の作成とその実行による「作品」に結実させる。さらに、③経験を体験化して、その「作品」の完成度を高め、湿地に関する社会貢献につなげる。④この作品化と社会貢献の過程を振り返り自分／たち認識をリニューアルする。⑤そしてリニューアルされた湿地認識と自分／たち認識を起点に、次の認識サイクルに移る。これによって、認識や技の深化を蓄積する「湿地教育」実践サイクルが一巡する。

以上を図式化したものが、**図1-1**「認識過程における湿地（対象世界）と自分（主体世界）の2焦点・楕円モデル」である。以下、これについて説明する。

① **湿地認識における主観**：一定の状況で認識主体としてのある人は、湿地（物事）に関係する接触・身体的行為を行うに先立って、湿地に関して何らかの体験と認識を持っている。それは、湿地に関する過去の行為＝体験と記憶、その意味付け・価値判断等の集積に基づく。またそこには、湿地に関する、家族・地域・友人・職場・国家等の諸体験・経験・認識・価値判断等の歴史的影響がある。そのような主観が、具体的状況における、湿地教育の出発点となる。

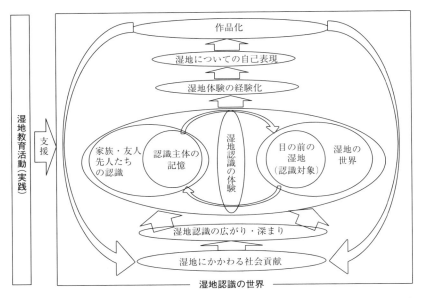

図1-1　認識過程における湿地（対象世界）と自分（主体世界）の2焦点・楕円モデル

② **認識活動における認識対象と背景**：他方、その人によって体験される湿地（物事）は独立のものでありながら、その背後には、関連する湿地・世界・宇宙がある。そこで、目の前の湿地（物事）と、背後にある湿地の世界が湿地教育のもう1つの軸となる。

③ **体験による認識活動の成立**：①何らかの湿地課題をもつ私／たち認識主体と②認識対象としての湿地（物事）との具体的接触＝体験によって、主体の側の感覚器官による認知と、それをこれまでの体験・経験とつないだ「湿地認識のリニューアル過程」がスタートする。

④ **体験の経験化**：体験による湿地認識は、私／たちの主観によって、湿地（対象）の世界および自分／たちとの関係性についての分析・総合、普遍性と特殊性の区分作業による、「湿地体験の経験化」作業にゆだねられる。

⑤ **経験化に基づく自己表現と共有**：湿地体験の経験化の結果は、身体、音、色、言語等を用いた、湿地に関連する自己表現を、私／たちに促す。そして

第 1 章　湿地教育の教育学を考える

これは、ある程度、他の人々と共有されうる。
⑥　**自己表現の作品化**：この自己表現は、自分自身で納得できるように、また、より多くの人と共有しやすいように、整えられ、身体、絵画、音楽、文章、料理、産業、自然再生、地域づくりなどに広がる「作品」となる。
⑦　**作品を通じた社会貢献**：作品の質の向上によって、他の人たちとの間での共感を生む、湿地に関連する「社会貢献」が生まれる。湿地に関連する「作品」が市場経済になじむ場合に、その作品は貨幣を介して交換される「商品」となる。しかし、貨幣を介さずに「作品」と「作品」とが直接交換される社会貢献の方法も、多様にある。
⑧　**自己表現、作品化、社会貢献過程による認識の広がりと深まり**：自己表現⇒作品化⇒社会貢献の過程で、湿地（物事）と自分（たち）、および両者の関連性について、表現の技や知識が更新される。それは再び自分（たち）の主観と湿地（物事）の世界に、投入され次の湿地認識過程の起点となる。
⑨　**湿地教育**：そして、この一連の認識・体験・経験化・自己表現・作品化・社会貢献とそこでの能力形成過程を助ける作用が、湿地教育の活動である。

2　「湿地学」の構造について

　以上を具体的に考えるには、湿地認識の主観をもつ私たちと共に、対象世界＝「湿地」の考察も大事である。

（1）人間と水鳥を含む水環境についての条約としてのラムサール条約

①　ラムサール条約における「wetland＝湿地」定義の狭い内包と広い外延
　1971年、湿地の条約である「ラムサール条約」が採択され、日本でも署名・批准された。同条約はその第1条で、「wetland＝湿地」を定義している。
　　「湿地とは，天然…人工…永続的…一時的…水が滞っている…流れている…淡水…汽水…鹹水であるかを問わず，沼沢地，湿原，泥炭地又は水域をいい，低潮時に…水深が6メートルを超えない海域を含む．」

「低潮時における水深が6メートルを超えない海域を含む」「水域」という、この条約における「湿地」の内包すなわち「湿地」の条件は極めて狭い。その結果、この定義の外延すなわち広がりは極めて広く、多様なものが、「湿地」と認定される。例えば、締約国会議で暫定的に決められた「湿地分類法」では、「自然湿地（『海洋性湿地』＋『内陸性湿地』）」と「人工湿地」とに大別された42タイプが示されている。そこには、砂浜、藻場、湿原、湖沼、河川、温泉、水田、ため池、廃水処理区域など、日常生活関連の「湿地」も多く含まれている。

② 水に関する総合的条約

条約「前文」は、「人間とその環境との相互依存」を基本視座に据えている。そして、湿地は「水循環の調整機能」「湿地特有の動植物等に関する生態学的機能」をもつとともに、「経済上，文化上，科学上及びレクリエーションの上の大きな価値を有する資源」だと述べている。そして、これらの機能や価値を維持し活かすうえで、取返しのつかない湿地喪失の「阻止」を含む「国際的行動」が重要だとしている。それゆえ、「ラムサール条約は水鳥保護の条約」という見解は、条約の立法趣旨を狭くとらえた、一面的で誤ったものと言わざるをえない。

第2条は登録との関係で、「生態学…植物学…動物学…湖沼学…水文学上の国際的重要性」について、第3条は、人間以外の動植物と人間の営みとの両立のための計画について、述べている。すなわち、「登録簿に掲げられている湿地の保全」と「領域内の湿地をできる限り賢く利用すること（WISEUSE）」の「促進」のために、登録湿地について「計画を作成し，実施する」ことが、締約国の義務だと明言している。

前文と第1～3条を受けて第4条は、研究やモニタリングの実施と国際交流、それらを担う人材育成の必要性について述べている。この点は、締約国会議の積み重ねの中で、今日、「Communication, Capacity Building, Education, Participation and Awareness（対話、力量形成、教育、参加、気づきと啓発）：略称　CEPA」として定式化されている。

第1章　湿地教育の教育学を考える

（２）「湿地学」の構造（試案）

　以上を踏まえて、「湿地教育」における認識対象の柱の１つである、「湿地」に関する学としての「湿地学」について考える。

① 湿地学の認識基盤
　　〜個人・組織の「体験」と共有＝「経験化」の結果としての湿地学〜
　すでに述べたように、人は日常生活等で湿地に関する体験と、その「振り返り」や補足＝経験化による認識を蓄えている。体験とその経験化による「湿地」認識は、「湿地学」の基盤である。
　人間は認識対象としての「湿地」「湿地と人間の関係」を自らの主観に反映させ、身体動作、芸術、料理、建築、地域・国土・地球設計、学問などで表現する。「学」としての「湿地学」は、事実とその関連、論理の正確さを基本として、言語で記述、分類し一元的な説明を目指す。そのため、内在する「矛盾の展開」として時間的・空間的展開を視野に入れる。

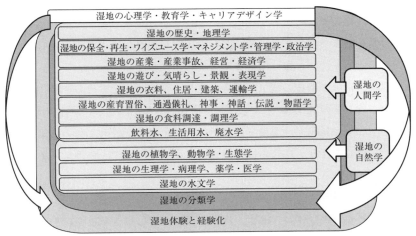

図1-2　「湿地学」の構造（試案）

② 湿地の分類学

　湿地学は、「湿地の分類学」「湿地の自然学」と「湿地の人間学」に大別される。3領域、42項目分類という現在の湿地分類は絶対的ではなく、必要に応じて変化しうるものなので、積極的議論が望まれる。

③ 湿地の自然学

　「湿地の分類学」の上に、「湿地の自然学」がある。

　ⅰ) 湿地の水文学 (hydrology of wetlands)：

　湿地の自然学の第1は、湿地の水文学（すいもんがく、hydrology）である。46億年前、太陽系第3惑星として「地球」が誕生して、水の生成と循環が始まった。水は熱で上昇し、冷やされて雲となり、雨・雪・霰等として地上に落ち、地上の流れ＝川、地下の流れ＝地下水系と湧水地（泉、温泉)、海などを形作った。また動植物の体内や人工湿地でも水循環は機能している。これらの水循環の姿が拡張された「湿地の水文学」の対象である。

　ⅱ) 湿地の生命学、生理学、病理学、薬学・医学：

　水の中で、水を主成分の一つとする「細胞」を持つ生命体・生物が生まれた。細胞の機能により、生物は、土や水、空気などから区分けされる身体をもつ。身体維持のために、生物は代謝を行う。体外から物質を取り込み、体内で必要な物質へ変化させ、吸収し、不要物を体外へ排出する。そして、細胞内の遺伝子機能が、自己増殖と種の保存を促す。

　細胞の異常は、個体の病気・衰え・死や、種の断絶をもたらす。代謝機能の促進・回復のために、一部の生物は、「水浴び」や「地熱性湿地 geothermal wetland」＝温泉での湯治、休養・食生活改善・薬の服用などによる「治療」を行う。これらは「湿地の生命学・生理学・病理学・薬学・医学」の領域である。

　ⅲ) 湿地の生態学：

　海と陸との分離に伴い、海水、汽水や淡水の中に生きる生物に加えて、陸上生物も生まれた。これらの生物も、水分を取り込んで代謝を行うなど、湿

第1章　湿地教育の教育学を考える

地に依存してきた。

　様々な種は、独自の一生と増殖方法を持ち、縄張りや食物連鎖なども存在する。湿地関連の生物種の一生や、生物種相互の関係性は、「湿地の生態学」の領域である。「生物」には「植物」「動物」も含まれる。近年、一部の官庁やマスメディア、NGO等が動物のみを指して「いきもの」と呼ぶ傾向が生まれているが、これは正しい認識を妨げており、その弊害は大きい。

④　湿地の人間学、湿地の文化学：

　「湿地の自然学」の上に、「湿地の人間学」「湿地の文化学」がある（辻井他 2012、笹川他 2015、日本湿地学会 2017）。

　ⅰ）湿地による飲み水・生活用水の調達および廃水学：

　細胞にも調理や洗濯にも水は欠かせないので、人間は、泉・川・湖等の傍＝「水辺」に住んできた。人間が水を使うことで糞尿や生活廃水が生じるが、これらは肥料や家畜のエサとして利用されてきた。そして都市が生まれると、自然水や浄化された川などの水を配給する「上水道」、廃水を浄化して自然に戻す「下水道」システムも作られた。

　ⅱ）湿地の食料調達、栄養・調理学

　細胞が必要とする栄養素は、「食べ物」「飲み物」として外界から取込まれる。海藻をふくむ植物の採集・栽培、魚介類や鳥獣類の捕獲・養殖・牧畜などで、食料が調達されてきた。そしてこのために、疎水・ため池などの人工湿地が造られた。調理によって、食材は食べやすく、栄養は摂取されやすくなる。土器の発明による「煮炊き」が、スープなど多様な「郷土料理」を生んだ。これらは「湿地の食料調達、栄養・調理学」の領域である。

　ⅲ）湿地の民俗学産育習俗、通過儀礼、神事・神話・伝説・物語学―

　人間の場合、生命の出発点としての受精は一種の水の中で行われ、受精卵の細胞分裂も羊水の中で進む。分娩後すぐに、神聖な水等で産湯を使う。「お喰い初め」で背負わせる餅の材料は水田＝湿地で収穫したもち米と水である。流し雛、鯉のぼり、爬龍船競漕（ハーリー）や、川への飛び込みが節句行事

や通過儀礼の地域も多い。結婚や還暦、古希、喜寿等では、米と水が原材料の紹興酒や、日本酒などが振舞われる。

　死後には湯灌、死水を施す。キリスト教の洗礼、ヒンズー教のガンジス川での沐浴、修験道の滝行など、浄化作用があるとされる水は、宗教儀式で用いられてきた。中国・杭州の「龍井」や新潟県・津南町の「龍ヶ窪」など、「龍神が棲む」という神聖化によって、水源を保持してきた所も多く、龍神に祈る雨乞儀式も各地で行われている。湿地にかかわる神話・伝説・物語が各地に伝えられ、収集・検討されている。

　ⅳ）湿地の衣料品、住居・建築学、運輸・軍事学

　衣服で体温調整する人間は、蒸気や熱湯で麻や絹から、水中への噴射で石油等から糸をとり、布を織る。強く美しい布にする染色では、水で不要な染料・糊を落とす。

　建築物にも水が関わる。粘土や珪藻土と水を混ぜ、火で焼いてレンガ・瓦・タイルを作る。つなぎや壁には、水と土・石灰等を混ぜた漆喰やセメントを使う。樹木は地下から水を吸い上げて育ち、木材となり、水の中で貯木される。

　川や運河、湖や海は、輸送の重要な場である。「大津」（滋賀）、「鷺梁津（ノリャンジン）」（ソウル）、「香港」、「Porto」（ポルトガル）など、船着場を意味する、津、港、portのつく地名は多い。川や運河・掘割は、軍事施設にもなった。

　ⅴ）湿地の産業論・産業事故論、湿地の経営学・経済学

　水力や蒸気の活用によって生産力が上昇した。工業化、大量生産・消費・廃棄時代、貨幣経済が進むにつれて、「産業」が大展開した。鉱業、水産業、農業、機械・化学・加工業、建設業、観光業などである。水を重要素材とする酒や酢などの醸造業、ペットボトルのお茶を含め水ビジネスも盛んになっている。これらは湿地の産業論の領域である。

　産業の不適切な運営は、産業事故・災害を起こす。足尾鉱毒問題、水俣病、畜産業からの過度な屎尿による富栄養化、過度の「水質改善」による貧栄養

第1章　湿地教育の教育学を考える

化などである。核分裂エネルギーによる蒸気を使う原子力発電所の事故は、土・水・空気・植物・動物の汚染と、伝統も含めた日常生活の破壊を引き起こしている。堰や防潮堤等でも、技術過信は災害の原因となってきた。湿地の産業事故論の領域である。

　湿地関連産業の利潤は、再生産への投資と、給与、税、株式配当、CSR基金など社会還元とに振り向けられる。これを個別の企業・企業グループに焦点化したものが「湿地の経営学」、一地域、一国、世界等の規模で扱うのが「湿地の経済学」であり、両者の調整に、課題がある。

　vi) 湿地の遊び・癒し・気晴らし学、景観学、表現学

　湿地は遊び・癒し・気晴らしの場でもある。かつて羊水の中にいた人間は、湖・川・海や、池・川を配した庭等で、日ごろの緊張から解き放たれて、非日常を楽しんできた。祈りとしての祀りの後に、川原などで、神と人との交わり＝祭りを催し、水・榊・酒、料理等を供え、舞・音楽の奉納、縁結びも行ってきた。湿地の仕事から、子どもたちの魚獲りや水泳、若者の競艇などの遊び・スポーツも生まれた。海水・温泉に浸かり、水辺から水面を眺めて、身心を癒し、気を晴らしてきた。

　これらの伝統をふまえた、1931年の国立公園法の趣旨は、「天与ノ大風景ヲ保護開発」し、「国民ノ保健休養」と「外客ノ誘致ニ資スル」ことにあった。季節毎に人々を癒す、雪渓、滝、湿原、泉、温泉、湖、海岸、水田、動植物や働く人々の景観とその演出は、「湿地の遊び・癒し・気晴らし学、湿地の景観学」の領域である。

　生活用品、音楽、舞踊、演劇、絵画、工芸、写真、映像、詩歌・小説、かるた、ゲーム。話芸、武芸、茶の湯、料理、衣装、生け花、庭園、公園など、湿地は多様に表現されてきた。これらは「湿地の表現学」を構成する。

　vii) 湿地の保全・再生・ワイズユース学、マネジメント学―「○○湿地保全・活用協議会」、計画、条例、法律、博物館・研究所―

　湿地の持続的活用には、その保全・再生が不可欠である。ラムサール条約も義務付け・奨励している、登録湿地を始めとする全湿地での保全・活用計

画の策定・実施には、各地での実践事例を研究するとともに、利害関係者間の調整のための「○○湿地（群）保全・活用協議会」の設置・運用が必要である。住民や自治体当局・関連業者・NGO・専門家などからなる自然再生協議会等が設置されている所は多いが、形骸化も珍しくない。これらを安定して実質化するには、地方議会との協力による「○○湿地保全・活用条例」と、国レベルで「湿地保全・活用法」の制定が必要だろう。日本弁護士会連合会水部会の「湿地保全法要綱（案）」(2006)は参考になる。これに「ワイズユース」を加えるために、日弁連、湿地学会、ラムサール条約登録湿地関係市町村会議の三者協力で「湿地保全・活用法（案）」への修正が期待されている。

　これらを日常的に活かすには、適切な専門職員配置と住民参加を伴う、地方自治体立の湿地博物館・図書館・公民館「○○湿地（群）研究所」等が必要である。新潟市「潟環境研究所」やその『みんなの潟学』、鶴岡市の「ほとりあ」、習志野市の「谷津干潟自然観察センター」、豊岡市の「コウノトリ文化館」などが参考になる。市町村会議やその「学習交流会」、日本湿地学会などとの協力で、水鳥・湿地センターなどの既存施設の機能強化で対応する方法もある。なお、「再生」するという場合、自然遷移も視野に入れて、どの時点を再生するかが、1つの論点である。

viii）湿地の地域・地方自治体・国家・地球づくり学

　個別湿地での取り組みは、地域・国家・アジア太平洋・地球づくりへと展開していく。多様な湿地は、人間にも地域の生態系や産業にも欠かせない要素である。そこで、「○○市／町／村振興基本計画」に、先の計画、条例、研究所を位置づけることが、湿地にも地域にも有益である。地方自治体の湿地関連の戦略・目標を、環境、農水、国交、経産、文科などの連携の下で「SATOYAMAイニシアチブ」「生物多様性国家戦略」や国連のSDGsなどと接続・調整することが、持続可能な人と社会・国家・地球づくりを実質化する。

ix）湿地の歴史・地理学

　地震・津波・噴火・氾濫等、地球の活動による自然湿地の形成・変化は、

今日も続いている。この上に、生産・健康・輸送・軍事等の目的で、水田・灌漑設備、養殖池、温泉施設、上下水道、掘割・運河、廃水処理施設などの人工湿地が作られてきた。そして湿地の持続可能な活用方法も蓄積されてきた。

しかし、a）工業革命、b）大量生産・大量消費・大量廃棄システム、c）商品経済・市場経済社会、d）契約社会（個人・協同社会、人権社会）、e）リテラシー社会、という一連の仕組みの展開過程としての「近代化」過程で、持続可能な湿地利用の方法の一部が放棄された。その結果、湿地破壊、水の汚染、生態系と人間の生活破壊が世界各地で頻発した。

この背景には、過度な利潤追求と「人間が自然を作り変えられる」という発想とが、大きく作用した。これには、乾燥地域を背景とする『旧約聖書』的「culture」による自然改造と商業・産業資本の影響がみられる。そしてこの反動として湿地を持続可能に活用してきた人間を排除して、「人間が住む前に戻す」ことを主張する「湿地保護」至上主義も生まれた。

これを踏まえ、1960〜1980年代以後、自然・社会・人間の持続性回復を目指す改革が、国内外での合意となり、ラムサール条約もできた。そして、雨の多いベンガル湾地域以東における「人間は自然の一部」という発想が再評価されつつある。

時間と空間で湿地を捉え、課題解決に資するのが、「湿地の歴史・地理学」である。

x）湿地の心理・教育学・キャリアデザイン学

手と道具を使う人間は、物事の分析・再構成、想像・創造により、湿地および、人間と湿地の関係を把握・改善してきた。これは、感覚器官による認知と快・不快、可能・不可能、利益・不利益などの判断を伴って成立する。この心理過程と技・知識・智慧との結びつきで成立する「学術」「芸術」等を介して、葛藤・試行錯誤を伴い、人間は自らと湿地に働きかけ、湿地に規定されながら、湿地を規定し返してきた。これらは「湿地の心理学」で検討される。

湿地の心理学と協力して、個人や集団の中に湿地関連の諸能力を育てていく行為が、「湿地教育」である。それは、自らへの働きかけ＝「修身」「自己教育」であり、社会的文脈での人々との相互協力＝「社会教育」「共磨き」「相互教育」である。これは一生涯にわたる点では「生涯教育」であるが、その全体は大人において構成される。したがって、子どもにおける「湿地の生涯教育」は、「湿地に関する重要体験（significant life experience on wetlands: SLEW）」（降旗 2012、2014）や基礎知識習得とその結びつきの一部など、限定的なものとなる。これらは「湿地教育学」の対象である。

　個人や社会組織、地方自治体や国家、広域国家、世界や地球の持続可能性について、水と湿地の視点から、目標や、必要な能力や組織の形成過程を検討することが「湿地のキャリアデザイン」とその「学」である。これは湿地学全体の調整にも深く関わるので、この学には、湿地学を再調整する役割も求められている（笹川 2014）。

3　湿地教育実践の構造と能力論、「教育」「学習」論

（1）湿地教育実践の構造

　以上をふまえて、具体的な授業やワークショップについて考えてみる。例えば、谷津干潟のアオサ問題について取り上げる場合、その流れは、次の①〜⑧のように想定されうる（**図1-3**参照）。

　①干潟のアオサをどうしたらよいか？（テーマとする湿地関連事象を選ぶ）→②「臭い！」「入って取ればよい？」「食べられないの？」「アオサの気持ちは何だろう？」などの議論と表現（その事象に関する参加者の体験・感想の掘り起こしと表現、コトバ・文字・絵・音・劇など）による共有→③アオサという植物の生態と活用事例の紹介（事象についての基本的考え方・基礎的事項の提示。提示された考え方・事項の批判的検討）「へえ、そうなんだ」「驚いた」「肥料にしよう」「お好み焼きの青ノリで使おう」など→④図鑑や新聞、インターネット、本・論文調べ、青ノリ活用やノリ養殖の現場訪問、専

第1章 湿地教育の教育学を考える

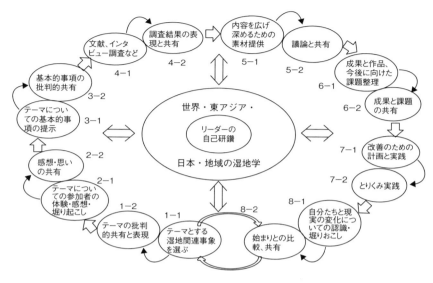

図1-3 湿地教育の実践過程

門家の話などによる調査(事象についての調査:新聞記事、文献、現場訪問、聞き取り調査など)、および調査結果の整理・共有・表現・発表、「アオサさんと仲良く暮らす方法」戦略など→⑤東京湾での海藻の生態や活用・輸出とその歴史の素材の提供(整理内容を深め広げるための適切な素材の提供、講義・文書資料・映像など)と共有→⑥わかったことを整理、映像作品「アオサの気持ち」制作、「谷津干潟青ノリちゃん作戦」とりまとめ、地域での協力など(まとめと今後に向けた課題の整理、内容と方法)および結果の共有→⑦改善のためのプラン作成と実践→⑧アオサの現実と自分たちはどう変わったか? どう変わっていきたいか? 意見発表と共有、評価(「授業」「研究会」の前後での認識・リテラシーを含む技・意欲の変化の比較・評価)。

(2)「Capacity Building」をめぐって—abilities, competencies and capacity—

　こうした授業や研究会の実践過程を考えるに際しては、湿地教育で育てあう能力等について、次の3点の検討が必要になる。まず、①育てあう能力の

目標をどこに設定するか、という湿地の能力論。次いで、②「湿地の学問力」「湿地の学力」論。それは、体験結果から得られる「経験則」（ローカルな知）と「一般知」との突合せによる「知識」等の再生産過程とその運用の力である。そして、③「教育」と「学習」の関係把握、である。

① 湿地教育の能力論
〜「やりきる能力」「臨機応変の供応力」「個別諸能力」「日常生活の能力」〜

2015年、第13回ラムサール条約締約国会議（ラムサールCOP13、ウルグアイ）で、CEPAに「Capacity Building」が加わり、「Communication, Capacity Building, Education, Participation and Awareness」となった。

「capacity」「capability」とは、大きな器量でプロジェクト等をやり遂げる能力だが、この場合、全体的マネジメント（integrated management of wetlands）を含めて、湿地に関する何らかのプロジェクトをやり遂げる能力である。例えば、身近な湿地の毎日清掃を一年間やり遂げる能力。湿地の年間サイクルをマネジメントする能力。湿地関連の新規事業立ち上げから安定化までやりきる能力。その地域の湿地全体の基本政策を作り実行する能力などである。

一般化すれば、「発案→計画策定→実行→軌道修正→再実行→安定化→次の段階でのプロジェクト発案」の全過程をやりきる能力である。例えば、新潟市佐潟の「潟普請」「佐潟まつり」、谷津干潟の「アオサ・ホンビノス作戦」「ユース・プログラム」をやりきり、次のステージを見通す能力である。

② 「臨機応変の能力、他の人々との協働力」としての「competence」「competency」

「Capacity Building」が入ることで、そこに向かう湿地教育の能力論全体と、その構成要素が議論される必要が出てきた。例えば、「臨機応変の能力、他の人々との協働力」としての「competence」「competency」と個別諸能力としての「abilities」である（笹川 2014）。

プロジェクトの遂行過程では、予期しない事態に出くわす。天候不順や資金不足、集団内部での意見調整の困難というマイナス要因も、晴天による熱中症対策の必要性、寄付金申し出への対応、参加希望者殺到などの「うれしい悲鳴」もある。このときに、マイナス要因をプラスに転化し、プラス要因を活かしきる「臨機応変の能力、他の人々との協働力」としての「competence」「competency」が求められる。世間でいう「折れない心」「resilience」もその一部である。なお、OECD（経済協力開発機構）が提唱したkey competenciesを、「資質・能力」と訳すのは誤訳であろう。コンピテンシーは、「ともに探求する能力」「一緒に仕事をする能力」「状況に適切に反応する能力」というラテン語起源の英語と考えられるからである（水谷 2012）。

③　個別諸能力としての「abilities」

「やりきる力」「臨機応変の協働力」は、個別諸能力「abilities」によって支えられる。それは、潟舟に乗る・漕ぐ、地引網を引く、取った魚の調理をする、灯篭を作り、水面に浮かべ、回収する能力など（佐潟）である。また、胴長を着て干潟の中を歩ける、ホンビノス貝の掘り出しと調理、アオサを元から取り去る、みそ汁の具や肥料として使う能力など（谷津干潟）でもある。

④　日常生活で培われる能力

これらの根底には、日常生活を通じて培われる諸能力がある。積極的に体験する、自然や人の行動を観察する、良いことは積極的に真似る、疑問を大切にして調べ、議論する能力などである。

⑤　4つの能力層、Reflectiveness、building、修身、道徳

このように、湿地教育で培う能力は、湿地に関連する①「日常生活で培われる能力」、②「個別諸能力としてのabilities」、③「臨機応変の能力、他の人々との協働力としてのcompetence, competency」、④「プロジェクト等をやり遂げる能力としてのcapacity, capability」という、4つの層からなる。これ

を把握することによって、目の前の子ども、若者などの能力発揮・習得の課題が判断できる。また自らにとっても、現場の難しい局面での軌道修正等に役立つ。この４つの能力層を自在に活かし、自己教育や自己教育計画の意識的な主体となったときに、教員・職員・市民も、「一人前のeducator、指導者」になったと評価できる。

その際に、reflectiveness＝「熟慮」「振り返り能力」「自己対話能力」としての「コア・コンピテンスcore competence」も重要となる（笹川 2014）。これは、人間の能力の全体を形成する「building」（ドイツ語は「Bildung」）や、漢字語の「修身」に近い。すなわち、大陸の「宋学」の集大成者・朱子（1130-1200）の「八条目（＝８つのキーワード）」は、次のように言う。

「格物、致知、誠意、正心、修身、斉家、治国、平天下」（『大学章句序』）

「修身」を仲立ちとして、前半の「格物、致知、誠意、正心、修身」は正しく認識・判断できる認識主体としての自己教育を意味する。そして、後半の「修身、斉家、治国、平天下」は、実践主体としての自己研鑽を意味する。これはまた、水を軸とする自然の摂理＝「道」とそれに基づく自律的な人の生き方＝「徳」とを「道徳」繋ぐ、『老子』の発想に近い。

（３）「学問運用力」としての「学力」
〜経験則と一般知を繋いで知を再生産する能力〜

近年、「PDCAをまわすことが大事」言われるが、そこには落とし穴がある。それは、実践によって得られた「経験則（ローカルな知）」と「一般知」との循環による学問創造の視点の弱さである。すなわち、何らかの実践をして得られた「経験則（ローカルな知）」を整理し、「一般知」と突き合わせながら経験則も一般知も共に修正して、学問を豊かにする視点の弱さ、である。

佐潟の潟普請や佐潟まつりでは、古老の話や『蒲原の民俗』という書物に学びつつ、現代のニーズを考慮して掘り起こして、プランを立て、実施した。これによって得られた、佐潟での経験則の蓄積が、日本や東アジアにおける「保全・再生の文化」「ワイズユースの文化」などの一般知をも豊かにし、「潟

第1章　湿地教育の教育学を考える

普請」の発想は、日本やアジアに広がった。同様のことは、谷津干潟のアオサ作戦やユースプログラムについても言える。

　これがリアルな「学問生成」「知識再生産」の姿だが、いわゆる「PDCAサイクル」にはこの過程が欠落している。そこに、同じところをぐるぐる回る「這いまわる経験主義」あるいは、一転してコンサル丸投げに陥る危険が生まれる。

　一般に、学問には次の８つの工程がある。①日常生活で培われる経験知、②独自作業としての基礎的な知識、スキルやイメージ蓄積、③問題との遭遇、経験知の発動、類似事例の調査による自分たちの課題設定、解決シナリオ策定、④実践による経験知と既存の経験知との照合、⑤照合作業による一般知と経験知の修正、⑥確認・修正した一般知と経験知のストック、⑦新たな課題設定の出発点としての経験知と一般知の整備、⑧実学・実業の社会的発信。そして、この学問創造の工程を運用できる能力が、「学問力」としての「学力」である。

（4）双方向的な「教育」「education」と「学問」「学習」としての「learning」

①　双方向的な「教育」「education」

　湿地教育分野においても、「教育は一方的だが、学習は双方向的だ」という人に出会うことがある。これは善意ではあるが、誤解である。この誤解の第１の原因は、「教」という文字の意味をチェックしていないことにある。

　定評ある漢字辞書、白川静『字統』（平凡社）によれば、「教」という文字は、一つ屋根の下で長老と若者・子どもなど年少者とが共同生活を行い、価値観や認識、技を共有することである。ここから、「教」の基盤は共同生活、内容は価値観や知識や技の共有、形式は双方向性だと、言える。

　世界最古の教育書ともいわれる、孔子の言行録『論語』でも、重要なのは、師と弟子との双方向的な対話、問答である。さらに、13世紀に朱子が選んだ「四書」の１つ、『中庸』の冒頭句では、その双方向性がいっそう明確である。「天が人に与えたものを性という。性に従うを道という。道を行うを教えと

いう」という句である。ここでは、①天＝自然の摂理が人間に与えたものを性質（人間）性といい、②この人間性に沿って生きることが「道」であり、③この「道」を、共に探求・実践することが「教」だとされている。これは、多くのプラトンの著作が対話篇であることにもみられる。また、子どもや若者を引き上げ、能力を引き出す英語やラテン語の「education」、その原型とされる、「引き出す」「導き出す」「養育する」という意味のラテン語「educo」（水谷2012）でも、ドイツ語の「Erziehung」でも同様と考えられる。

「教育は一方的」という誤解の第2の原因は、開発独裁・国家資本主義の下での一方的な詰め込み教育を以て「教育」一般とみなす、不当な一般化にある。このタイプの教育は、強権的な教条の注入によって、「効率」的に「国民」統合を行うための、特殊形態である。日本では、1890～1940年代前半（明治20年代～昭和10年代）の天皇制国家の下で実施された。この形式の「教育」は世界史的に見て、長く見ても200年という、ほんの短い間のことでしかない。だからこの特殊形態を「教育」一般とみなして教育を攻撃することは正しい学問的手続きとは言えない。そしてこの時代でも、認識過程の法則性に則って、双方向的教育をある程度尊重せざるをえなかったこと、またその自由を求める人々が、生徒・学生も含めて多くいたのは、周知概念のとおりである。

私たちに必要なのは、国家主義的に歪められた「教育」から、対話的、双方的な教育の本質を救い出すことだろう。

② 「学問・学習」としての「learning」

日本、韓国、台湾、中国では、「learning」は「学習」と訳されることが多い。しかし、これは誤りで、「学問・学習」「探求・習熟」などが妥当である。

周知のとおり、ユネスコの第5回成人教育世界会議（1985年・パリ）の宣言「Declaration of Right to Learn」（いわゆる「学習権宣言」）には、right to learnについての次の例示がある。すなわち、read and writeに加えて、question and analysis（疑問を持ち分析する）、imagine and create（想像し

創造する)、read one's own world and write history(自分の世界を読み解き、歴史を綴る)、develop individual and collective skills(個人的・集団的技能を展開させる)、など、探求的要素が多い。

ところが、「学習」という漢字語には、「探求」という意味合いは薄い。『論語』の最上位概念は「知」＝解ることで、「学」は「知」を実現するための手段、立派な書物や先生から知識や智慧を取り込み視野を広げることである。そこには問いは明確には含まれていない。だから、「思いて学ばざれば即ち罔し、学びて思わざれば即ち殆うし」(「学而編」)なのである。

そして「習」は繰り返しによる身体化なので、「学習」には詰め込み、一方通行を容認する面がある。つまり、学習は双方向的という説は、漢字語それ自体に根拠をもってはいないのである。

これに対して、「学問」には疑問、対話の意味が、明確に含まれているので、双方向的なものである。それゆえ、「learning＝学問・学習」とするのが妥当と考えられる。

それにもかかわらず「学習」になっているのはなぜか？　学問は一部の専門家が行うもので、子どもや高校生には学問は要らないという、教科書裁判における国側の主張の反映でもあろう。そしてそれは徳川時代以来の「依らしむべし、知らしむべからず」の延長上のものでもあろう。また、毛沢東時代の中国共産党の「学習」運動が影響した可能性もありうる。

重要なことは、「学問」というコトバと内実の復権であって、根拠なく「教育は一方的、学習は双方向的」と言うことではないだろう。ちなみに、studyは「研究・窮理」とするのが妥当だろう。

4　湿地教育の教育学を考える

(1) 私たちの生命の誕生・維持・展開・帰還の場所としての湿地を知るためのマクロ・ミクロな視点

「湿地教育」が必要なのは、湿地が私たちの生命の誕生・維持・展開・帰

還の場所だからである。生命循環の場としての湿地を知ることは、私たちの生命を知ることと同義である。

そのような湿地教育を考えるにあたっては、認識主体としての私／私たちと、認識対象としての湿地との間で起こる、《体験→経験化→表現→経験化→作品化→経験化→社会貢献→第2ラウンドの体験》というミクロ＆マクロな視点が必要と考える。個々の教室やセンターなどでの取り組みを、自分たちにかかわる視点大きく世界の空間的・時間的広がりの中においてみる。それが湿地教育を組み立てる上での揺るがぬ指針となると考えられる。

（2）始まったばかりの「湿地学の体系」の議論

認識対象としての「湿地」について、ラムサール条約の定義や、諸分野の学問との関連については、日本の内外で少しは議論され、一定の合意も作られつつある。日本湿地学会監修『図説日本の湿地』の制作に際しては、議論の末に、商品である書籍としての構成として、湿地への導入が重視された。その結果、Ⅰ．人とのかかわり、Ⅱ．動植物、Ⅲ．湿地の成り立ちと諸相、Ⅳ．湿地の管理や教育、という構成になった。そこで、本稿では、水文学と「細胞」にかかわる生理学を基底に据えて、「学術」的配列を行い、「湿地学の構造（試論）」を提示した。導入重視の配列と学術重視の配列とは、どちらも必要と思われる。切磋琢磨しつつ、多様な議論をしていきたい。

（3）欠かせない「湿地の能力」「湿地の学力」論

2015年のラムサールCOP13が「capacity building」を掲げたことに関連して、湿地の能力論を、①「日常生活で培われる能力」、②「個別諸能力としてのabilities」、③「臨機応変の能力、他の人々との協働力としてのcompetence、competency」、④「プロジェクト等をやり遂げる能力としてのcapacity、capability」という、4つの層として提示した。これについては文部科学省の「コンピテンス」「資質・能力」という議論もあるので、コアコンピテンスや「湿地の学力論」も含めて議論の材料になればありがたい。

（4）古典の智慧に学び湿地教育の実践と理論を日本とアジア太平洋から発信する

　「教育」「学問」「学習」の双方向性をめぐる議論は、湿地教育実践における「知識」や「詰め込み」の位置づけにかかわることなので、今後も活発な議論が必要である。文字記号や知識は独自に習得されながら、同時に体験の経験化の文脈の中で、カスタマイズされる。すべての人が「知識基盤社会」での「知識創造の主体」になるにはどうしたらよいか？　という視点からの議論が深められるべきだろう。これらを考えるに際しては、少なくとも1600〜1945年までの東アジアの共通教養だった中国・日本等の古典の再研究も大事である。アメリカの従属国になって70年を過ぎ（臼井 2017）、ヨーロッパやアメリカの古典もあまり検討せずに、現代についての議論をするのは、危険ではないだろうか。世界の議論と突き合わせながら、日本とアジア太平洋からの「湿地教育」の実践と学を発信することが必要な時期だろう。

　湿地教育は教育の一分野でありながら、生命の誕生・維持・再生にかかわる事柄の教育なので、教育のあらゆる分野と関連を持つ。同様に、湿地の教育学は教育学の一分野でありながら、教育学の問い直しと再構成を避けては築けない教育学である。それは、水・湿地と生態系・気候系を含む地球と、人間社会と私たち1人ひとりの生活・人生のキャリアをデザインしていく学でもある。それゆえ、「湿地学の体系」の議論と結びつきながら、自由闊達に行われることが求められている。

引用・参考文献
マシュー『ラムサール条約その歴史と発展』小林聡訳　釧路国際ウエットランドセンター、1995年
ラムサール条約文化ワーキンググループ『文化と湿地』吉開みな他訳　日本国際湿地保全連合、2010年
辻井達一・笹川孝一編『湿地の文化と技術33選』同上、2012年
笹川孝一・名執芳博他編『湿地の文化と技術　東アジア編』同上、2015年
日本湿地学会監修『図説 日本の湿地』朝倉書店、2017年

笹川孝一『キャリアデザイン学のすすめ―仕事、コンピテンス、生涯学習社会』法政大学出版局、2014年
同「『出雲神話』における『湿地』について」『自然体験学習実践研究』2巻2号、2017年
日置光久『展望日本型理科教育』東洋館出版社、2005年
同『「理科」で何を教えるか』同、2007年
朝岡幸彦他編著『入門　新しい環境教育の実践』筑波書房、2016年
降旗信一『現代自然体験学習の成立と発展』風間書房、2012年
同『ESD〈持続可能な開発のための教育〉と自然体験学習』同2014年
土田杏村『土田杏村全集』復刻版、日本図書センター、1982年
白井聡『永続敗戦論』太田出版、2017年
水谷智洋編『羅和辞典』研究社、2012年

第2章　水のつながりに生きる学び

石山　雄貴

1　はじめに

　近年進んでいる宇宙の生命探査において、「液体の水」の存在が生命の存在の重要な手がかりになっているように、地球に生きる私たち生命にとって「水」は欠かせない存在である。「水の惑星」といわれる地球では、海から大気中に蒸発した水が雪や雨になって陸に降り注ぎ、それが多様な様相をつくりながら海へ流れていく水循環システムを持つ。この水循環システムのなかで、淡水域・海水域・汽水域と陸域がつながり、さまざまな動植物の生育場がつくられてきた。特に湿地の環境は、水域生態系と陸域生態系が重なり合うことで生物多様性が非常に高い場となるほか、気象変化の抑制や水質の浄化、二酸化炭素の吸収と蓄積といった地球環境に関わる重要な機能を持っている。また、森の腐葉土に含まれる栄養分を豊富に含んだ山水が海に流れ、森から海に運ばれた養分が海中の植物プランクトンを育み、海の豊かな生態系を支えてきた。そして、それらの水循環システムが作り出す自然の恵みを享受しようと、水のある地域に集まってきた人びとによって、その利活用に関するさまざまな知恵や技術が編み出されてきた。さらにそれは、住民同士のネットワークを形成しながら、人間の生活や文化、経済活動として営まれてきた。

　しかし、その自然の恵みを利活用し、環境管理をしてきた農家や漁師が減少、高齢化しており、従来の環境管理ができなくなってきている。湿地は宅地開発や耕作放棄地の増大によって減少し、砂浜や海岸線の減少や森・川・

海の開発事業によって、これまでの環境を支えてきた水循環システムの分断が発生している。特に、東日本大震災の被災地となった三陸海岸では巨大な防潮堤を建設する計画が各地で進められ、砂浜や海岸が埋め立てられている。コンクリート施設の建設によって森から海へ湧水が流れず、沿岸の環境を支えていた水循環システムが分断される恐れがある。それは、沿岸部の環境が悪化するだけではなく、人と海とが分断され、豊かな海からの恵みに支えられた沿岸部の生活様式が成り立たなくなる恐れがある。そのため、湿地の減少や水のつながりの分断は生物多様性だけではなく、地域そのものの持続可能性にかかわる問題だと考えられる。

　湿地や水のつながりのもつ重要な機能を維持し、持続可能な社会を創造していくためにも、水循環システムに基づく湿地や水のつながりの保全する「水のつながりに根ざした地域づくり」とそれを支える学び（＝「水のつながりに生きる学び」）が不可欠となる。ここでは、水のつながりに根ざす地域づくりを支える社会教育実践や学校教育実践のあり方を論じ、その「水のつながりに生きる学び」が持つ視点とそのESDとしての意義と可能性について考える。

2　湿地のある地域づくりを支える視点

　日本には外来種も含めて、676種の鳥類が生息している（日本鳥学会2012）。なかでもタンチョウ、コウノトリ、トキなどの大型鳥類はアンブレラ種やキーストーン種と位置付けられ、生物多様性や生態系の維持のために、それらの鳥類の再生活動や生息する湿地の保全活動が全国で行われている。なかでもかつて日本国内においてコウノトリの最後の生息地であった豊岡市では、半世紀以上にわたり、コウノトリの調査や飼育、人工孵化、放鳥などの野生復帰に取り組んでおり、現在では100匹以上のコウノトリが豊岡市に生息している。近年では、環境と経済の両立を目指す「豊岡環境経済戦略」の策定や、コウノトリのえさとなる田んぼの水生生物を確保するために「冬季湛水」の実施や有機肥料の使用、無または減農薬での栽培を組み合わせた

第 2 章　水のつながりに生きる学び

「コウノトリ育む農法」などを実施してきた。そのなかで、田んぼの学校や生きもの調査、コウノトリKIDSクラブなどの自然体験学習や各学校に設置されたコウノトリの巣塔を活用した学校環境教育実践を行ってきた（黄ら2014）。

　さらに、豊岡市のいくつかの地区では住民が主体となり、コウノトリの餌場や生息場となる湿地の再生と管理の取り組みが実施されている。その一つが、豊岡市田結地区での湿地整備の取り組みである。田結地区は豊岡市北部の日本海沿岸に位置する人口約180人からなる山と海に囲まれた地区である。高度経済成長期以前は住民の多くが半農半漁の生活を営んでいたが、周りが山に囲まれた田結地区の農地は獣害の被害も多く、また農地へ続く道が狭く農業機械が入りにくかったこともあり、徐々に半農半漁の生活から地域外で仕事をする住民が増加していった。そして2006年には地区内での耕作者はいなくなり、地区には12haもの耕作放棄地が放置されることになった。

　しかし、2008年に1羽のコウノトリが飛来したことによって地域が徐々に変化していった。まず、コウノトリの飛来を知った豊岡市内の環境保全NPOによって、コウノトリが田結地区に生息し続けられるよう耕作放棄地を湿地とする整備が開始された。しかし、それまで公式の記録では田結地区に飛来したことがなかったため、コウノトリの保護や湿地保全に対する住民の意識はまだ低かった。その後、整備を行ったNPOの紹介により地域住民と生態学者、NPO、行政との交流の場や湿地づくりに関する話し合いの場が設定され、コウノトリにとっての田結地区の重要性や希少種の存在など田結地区の持つ生態学的意義が地域住民のなかでも共有されることとなった。これらの交流を継続していくなかで、地域の湿地が持っていた自然科学的な価値に住民が気づいていき、地域住民総出での灌漑作業が実施されるようになった。さらに、田結湿地の環境保全に関する費用を自分たちで賄おうと地域の名産品であるワカメを販売し、その売り上げの一部を湿地の維持費に当てる取り組みがされた。このように、湿地の再生に向けた取り組みが展開し、住民の関わりが大きくなるなかで、湿地保全を住民が主体的・自立的に行う

必要性が自覚されていったのである。

住民たちによる自発的な取り組みの一つが、「案ガールズ」の実践である。案ガールズは、湿地に訪れる研究者や観光客に湿地づくりの経緯やコウノトリ、地域の文化に関する案内ボランティアや湿地整備に関する活動を行う地区の婦人たちによる組織である。田結湿地の案内の質の

図2-1　田結湿地の様子

向上ために、メンバーは毎月１回、それぞれの案内のなかで来訪者から受けた質問事項の共有やガイドに関する学習会を実施している。これは、案ガールズの取り組みをより良くする役割を持っているだけではなく、地域の婦人たちが集まり互いに交流することで、すでに解散していた婦人会としての機能を担うこととなった。参加する婦人たちのなかには、その活動や田結地区の湿地管理に関する自主的な学びを通して、地区の植物に詳しい人やコウノトリに詳しい人など組織内における「専門家」としての役割を持つ人も出てきている。また、参加する婦人は、「地域の文化に価値があり、地域が好きになり、地域を人に伝えたいという気持ちになった」「コウノトリが来てから、こんなに素晴らしい所に住んでいるのかと気づいた」（2015年９月１日調査より）と自身の活動を振り返っており、この活動を通して地域外の人と交流したり、婦人たちが集まって活動することによって、それぞれが地域を見直し湿地保全の視点から暮らしに新しい意味づけをし、田結地区で生活する楽しさを見出していった、と考えられる。

このように、湿地整備から地域総出の灌漑作業や案ガールズなどの活動への展開を通して、活動の主体が田結地区住民へと移っていった。さらに田結地区の婦人たちの案ガールズの取り組みは、参加者たちの田結地区に対する見方を前向きに変化させ、地域に住む当事者として個々人の地域に対する新たな価値を創造していく主体へと転換させていったのである。

第2章 水のつながりに生きる学び

3 森・川・海のつながりを認識する視点

　三陸海岸沖は、暖流と寒流がぶつかりあう潮目とともに海の間近にある山林から流れる栄養分により、多くの貝や魚などが生息する豊かな海となっている。この海で漁師たちはその浜の環境にあった漁法でホタテや牡蠣などの栽培漁業を営み、沿岸部の住民たちはそれらの海の恵みを活用した料理など、その浜ごとの多様な文化を形成し、海と共に生きてきた。

　三陸海岸のなかでも有数のホタテ養殖地が、雄勝湾と追波湾を持つ宮城県石巻市雄勝地区である。ここで、徳水博志元教諭により、「森と海とをつなぐ学校環境教育実践」が旧船越小学校で行われていた。これは総合的な学習の時間を中心とし、「子どもたちに身近な地域素材である帆立貝の養殖を成り立たせている自然的条件に気付かせて、地域の森・川・海のひとつながり（相関・連鎖）の生態系を認識し、地域の環境を見つめ直して、そこから地球温暖化、酸性雨、森林破壊などの地球規模で起こっている環境問題に関心を深めて、自然と人間の『共生』に関する基礎的認識を獲得させること」（徳水 2004）をねらいとした教育実践である。

　この実践は、地元漁師の協力で、ホタテ貝の出荷や採苗器の投入、耳吊りなどのホタテ貝の養殖体験学習から始まった。ホタテ貝の養殖に関する体験をするなかで児童たちが感じた疑問や問いを、児童たちの学習課題と設定し、それを明らかにするための調べ学習を行っていった。調べ学習では、親や地域の養殖業者、漁協への取材に行き、その成果はクラスで発表された。発表を通して、各児童の学習の成果をクラス全体で共有し、それを徳水のコーディネートによっ

図2-2　雄勝湾の様子（震災後）

て当初の教育目標とすり合わせ、「雄勝湾と船越湾という二つの湾での養殖方法の違い」を明らかにすることを、次の学級全体の学習課題として設定していった。この課題に対し、再び児童たちは調べ学習をしたり、両湾の養殖方法の違いや共通点に関する徳水と児童との対話を通して探っていく授業が行われた。この授業を通して、児童たちは両湾それぞれが持つ自然的条件を生かし漁師たちが養殖方法を工夫することで、養殖方法の違いが生まれたことに気づいていった。

　さらに、一連の学習成果をもとに、雄勝地区の二つの湾で養殖方法に違いが出る背景や雄勝の豊かな海を支える海と森のつながりを探っていく教育実践が行われた。徳水は、「森は海の恋人」運動の畠山重篤が講演会で話した内容に対する児童の問いや疑問点を学習課題として設定し、調べ学習を行い、その結果に基づいて「地元の海はどこの森から栄養分が運ばれてくるか」というクラス全体での学習課題を設定した。次に、その学習課題に沿って、森の腐葉土の調査、沢水の調査、海のプランクトン調査、腐葉土の保水力実験の体験学習を実施し、それをベースとした課題設定とその調べ学習を行っていった。これらの教育実践を進めていた時に地元新聞が報じたことや、児童の一人による調べ学習の成果発表で出した磯焼けの写真にインパクトがあったこともあり、児童たちは磯焼けへの関心を強めていった。徳水は、この児童たちの関心や磯焼けに関する調べ学習の成果、その原因に通じるような沢水ルートに関する調べ学習の成果を受けて、体験学習後の学習の展開として、磯焼けの要因を探っていくこととした。クラス全体が雄勝で発生した磯焼けの要因を探っていくために、ビデオ学習の他、漁師への磯焼けしている場所のアンケート調査や沢水調査、湾に流れ注ぐ川の上流にある森林や砂防ダムに関する調べ学習を行った。これらの学習を経て、磯焼けの一要因として上流の森林破壊があり、雄勝地区の場合は、上流にある広葉樹林の減少が関連することを児童たちは発見していった。この問題を当初の教育目標に即して深めていくために、これまでの授業を振り返り、磯焼けから明らかになった森と海とのつながりの視点から、雄勝地区での養殖業を守り、発展していく

ための話し合い授業を行っていった。

　これらの学習を振り返り徳水は、「教師から与えた磯焼けのテーマが、子ども自身の内面から生まれた問いに転化していき、地域で起こっている磯焼け問題を、自分自身の課題として担う主体が形成された」（徳水 2004）と述べており、児童たちはこの実践を通して、磯焼けへの興味関心を深め、磯焼けを自分ごととして捉えていったと考えられる。徳水の教育実践は、雄勝地区の主産業であるホタテ養殖を中心とした教材に対する児童たちの気づきによって、森と海の水のつながりを捉え、そのつながりのなかで自分たちを含めた住民が生活していることを実感する、児童たちの主体的な学びが展開したといえる。さらに、徳水の実践は、地域での学習発表会の他にもテレビの取材、雄勝地区で開催された日本海水学会大会での発表を通して地元住民に共有され、行政にも大きな影響を与えたのである。

4　水のつながりに根ざし人と人をつなぐ視点

　これまで見てきた豊岡市田結地区の事例も石巻市雄勝地区の事例も、「水のつながりに根ざした人と人とのつながり」を生み出している。田結地区では、湿地保全が地域住民総出で行われ、案ガールズの取り組みを通して、婦人たちのネットワークを作り出した。石巻市雄勝地区では、学校教育実践が地域の漁師たちの協力によって成り立つとともに、実践が保護者だけでなく、地域全体で共有され、行政も含めた地域のつながりによって、学会大会が開催された。

　ただし、水のつながりに根ざす地域づくりを発展させていくためには、地域外の人ともつながりを形成していく必要がある。コウノトリやナベヅル、タンチョウといった大型野生鳥類をめぐる湿地保全を考えた場合、その鳥が毎年同じ湿地に渡来するとは限らないため、現在渡来している湿地と周辺の湿地との連携や、それによって渡り鳥の生息地となる湿地を広げていくことが必要となる。さらに、湿地は、水循環システムが地表に現れた姿の一形態

であるため、保全のためには、湿地周辺の流域を含めた広い地域の環境保全が必要となる。そうした課題に対して、全国的に各湿地保全活動に携わる人々をつなぎ合わせていく取り組みとして、ラムサール条約登録温地市町村会議がある。

　ラムサール条約登録温地市町村会議は、ラムサール条約に登録されている湿地とその他の湿地の市町村間の情報交換及び協力を推進することによって、地域レベルの湿地保全活動を促進し、湿地の適正な管理に資することを目的とし発足した組織である。発足当初は、条約湿地である釧路湿原、伊豆沼・内沼、タッチャロ湖の関係自治体である計8自治体が参加していたが、2018年には68団体が参加している。現在の市町村会議の主な事業としては、ウェブサイトの作成・保守、啓発パンフレットの作成、ブースの設置とポスター展示でのCOPへの参加、環境省主催の関係事業への参加等がある。これらの事業の他に湿地のワイズユースのための連携を図り、個々の活動および地域の活性化を促進するため、2010年から日本国際湿地保全連合の協力による学習・交流会を行っている（柴田 2017）。

　学習・交流会では、その年のテーマに沿った基調講演を大学の専門家や環境省職員、関係団体職員などが行い、各地から報告をしている。そして、それらの報告をもとに各地の状況に照らし合わせ、現状の課題などのディスカッションを行い、湿地に関わる自治体・NPOなどが意見や情報交換をしている（**表2-1**）。例えば、2017年10月の第9回学習・交流会「持続可能な地域づくりとラムサール条約登録湿地の保全・活用～湿地の多様な役割と国連SDGsに注目して～」では、持続可能な開発目標（SDGs）に関する話題提供や、グリーンインフラ・防災と湿地に関わる基調講演、各湿地からの報告があった後、参加するラムサール条約登録湿地市町村の職員によるグループワークが行われた。グループワークでは、まず、グループごとに自己紹介も兼ねて「それぞれの自治体が関わる湿地の現状と課題」を共有した。次に「湿地を活かした自治体間の連携・協力」のワークショップが行われた。このワークショップは、ふせんに書いた各湿地の産物を組み合わせて、新しい産物

第 2 章　水のつながりに生きる学び

表2-1　学習・交流事業のテーマ

	日にち	場所	テーマ
第1回	2010年1月16日～17日	石川県加賀市	湿地を耕し、湿地を楽しむ
第2回	2010年8月5日	滋賀県高島市	湿地のワイズユースと地域の活性化
第3回	2011年10月17日～19日	沖縄県那覇市、豊見城市	湿地のツーリズムで人と自然と地域の元気回復をめざす
第4回	2012年10月25日～26日	千葉県習志野市	市町村から"サステイナブル・ツーリズム"を考える
第5回	2013年10月31日～11月1日	沖縄県那覇市	ラムサール条約湿地における市町村と国・道県・NGO等とのパートナーシップ
第6回	2014年10月24日	愛知県名古屋市	ラムサール条約湿地における協働取組とそれを通じた人づくり
第7回	2015年7月9日～10日	福井県敦賀市、若狭町、美浜町	Wetlandsforourfuture：湿地を大切にしよう私たちの未来のために～ラムサール条約登録湿地を活用した地域づくり・人づくりとESD～
第8回	2016年7月8日	愛知県名古屋市	持続可能なくらしを目指した協働と人材育成
第9回	2017年10月13日	宮城県大崎市	持続可能な地域づくりとラムサール条約登録湿地の保全・活用～湿地の多様な役割と国連SDGsに注目して～

ラムサール条約登録温地市町村会議HP（http://www.ramsarsite.jp/seika.html2018年9月26日取得）より筆者作成

や連携の可能性を探っていくワークショップである。それぞれのグループでは、それぞれの湿地で作られる食材を組み合わせた料理やガイド養成のネットワーク化、協働の観光プログラムの開発などが具体案として出された。グループワークを通して湿地をめぐる具体的な産品やサービス、連携協力などの様々な可能性があることに参加者同士が気づき、それぞれの自治体に戻った後、湿地をめぐる行動に活かされていくと考えられる。

5　おわりに

　ラムサール条約締結国会議の決議や方針では、湿地の最も近くで生活している地元共同体を基礎とした権限配分、決定および管理の各段階への参加や湿地をめぐる地域の主体的参加に向けた統合的管理を求めており、「物理的、

社会的、経済的、環境的な条件と、法律、財政、行政の制度枠組みのもとにおける、持続可能な自然資源の利用のための、広域的、継続的、先行対策型の資源管理プロセスを必要とする」としている。そのため、湿地の持つ生態的側面、農業や漁業、水をめぐる工業、エコツーリズムなどの観光業などの経済的側面、湿地の文化を含めた包括な取り組みが湿地や水のつながりのワイズユースを達成していくために不可欠な視点だと考えられる。

　また、「水のつながりに生きる学び」は、「湿地のある地域づくりを支える視点」「森・川・海のつながりを認識する視点」「水のつながりに根ざし人と人をつなぐ視点」を持ち、地域への愛着や地域で生活することの楽しさ、地域に対する新しい価値の創造、そのなかで生活を営んでいることの発見と実感、自然の恵みを利活用した新しいビジネスの創造といった湿地やそれが持つ幅広い領域を包括している。また、その学びを通して、地域住民たちは湿地や水のつながりを軸としながら、地域で水をめぐる自然と人、人と人、人と社会との関係性を再構築している。持続可能な開発のための教育（ESD）は、持続可能な社会づくりに向け、多様なものや人を結びつけながら、自然と人、人と人、人と社会との関係性を問い直し、再構築してきた学びの在り方であり、その意味で、「水のつながりに生きる学び」はESDとして位置付けられる。湿地や水のつながりをもつ多くの農山漁村は、少子高齢化、過疎化による地域そのものの消滅が現実化しつつある。そのため、農山漁村の持つ課題を乗り越え、持続可能な社会を創造していく多様な可能性を持つ湿地や水のつながりを地域のかけがえのない財産と位置付け、地域全体を捉え直していくことで、水のつながりに根ざす地域づくりを全国的に広げていくことが求められている。

　一方で、水のつながりは、人間に自然の恵みを与えるだけでなく、脅威も与えるものである。例えば、岡山県、広島県、愛媛県を中心に土砂災害、浸水被害を発生させた2018年7月豪雨、福岡県、大分県を中心に大規模な土砂災害を発生させた2017年7月九州北部豪雨、集中豪雨により鬼怒川の堤防が決壊した2015年関東・東北豪雨など、豪雨災害が近年日本で多発し、多くの

人的被害・家屋被害が発生している。また、2011年の東日本大震災では、津波が海から川を上っていくことによって、海から離れた地域でも甚大な被害をもたらした。例えば、北上川では津波が河口から49km遡上し、河口から約4kmの距離にあった石巻市釜谷地区の大川小学校に8.7mの津波が襲来し、大きな犠牲を出した。こうした自然の脅威を目の当たりにし、自然の恵みだけではなく、人間に脅威を与える災害の側面をも包括した人と水のつながりを捉えていく必要がある。

　先に取り上げた石巻市雄勝地区も大津波が襲来し、ホタテ養殖業やまちそのものが大きな被害を受けた。徳水は、震災後の雄勝小学校で雄勝の復興に貢献する教育（復興教育）を行うなかで、復興に携わる大人を授業に呼んで復興への想いを聞いたり、被災した地域の人たちの交流、保護者たちへの復興に関するアンケート調査をもとに復興マスタープランづくりを行った。そこで児童たちが作り出した復興プランは、避難道や防潮林を設置し防災の面をケアしつつ、まちから海が見え再び海と共にいきるプランであった。この学習を通して、児童たちは防潮堤建設によって水とのつながりを否定するのではなく、地域にもたらす脅威と恵みの両側面を捉えながら将来の雄勝のビジョンを描いていったと考えられる。さらに、震災前同様にホタテ養殖を再開した漁師と協力して、ホタテ養殖の体験学習を行っている。これは、ホタテ養殖に立ち上がった漁師から、児童たちが震災を乗り越えていくための知恵や復興思想を学び、その漁師の姿から被災した児童たちの自己形成モデルを獲得していく実践だった（徳水 2014）。防災の側面から見ても、サンゴ礁やマングローブなどの湿地は津波や波浪の被害を軽減する役割を持っており、海岸沿いには河畔林や海岸林が整備されてきた。このような、生態系を活用した被害軽減策（Eco-DRR）が注目されており、工学技術とEco-DRRを組み合わせることによって、災害を軽減する力を高めた手法が期待されている（島谷 2017）。そもそも、洪水や土砂災害、火山活動、津波などの自然現象が湿地を生みだす主要因となっており、湿地と災害は切っても切り離せない関係をもつ。水に関する自然災害を多く経験してきた日本で、持続可能な社

会を描いていくためには、自然の恵みの利活用だけでなく災害からのレジリアンスの視点をも包括するような「水のつながりに生きる学び」の展開が、これから不可欠となるだろう。

引用・参考文献
黄衛鋒・石山雄貴・秦範子・丸谷聡子、「コウノトリ野生復帰事業における持続可能な地域づくりとしての環境教育の成果と課題」(『自然体験学習実践研究』2（1）、2014年）57～71ページ
島谷幸宏「災害と湿地」(「図説日本の湿地」編集委員会編『図説日本の湿地：人と自然と多様な水辺』朝倉書店、2017年）158～159ページ
柴田美貴「自治体の連携」(「図説日本の湿地」編集委員会編『図説日本の湿地：人と自然と多様な水辺』朝倉書店、2017年）184～185ページ
特定非営利活動法人日本国際湿地保全連合『ラムサール条約登録湿地関係市町村会議第9回学習・交流事業の記録』(ラムサール条約登録湿地関係市町村会議、東京、2018年）
徳水博志『森・川・海と人をつなぐ環境教育』(明治図書出版、東京、2004年）141ページ
徳水博志『震災と向き合う子どもたち―心のケアと地域づくりの記録』(新日本出版社、東京、2017年）232ページ
日本鳥学会『日本鳥類目録改訂第7版』(日本鳥学会、東京、2012年）438ページ

第3章　CEPAにおける体験学習の役割

田開　寛太郎

1　はじめに

　CEPA（セパ）とは、Communication（コミュニケーション）、Education（教育）、Participation（参加）、Awareness（普及啓発）の頭文字を組み合わせた略語で、広い意味での教育活動をイメージするものである。具体的にはワークショップ、講演会、季節ごとの自然体験活動、ポスターやパンフレットなどの形式で行われることが多い。教育の領域で、CEPAは「持続可能な開発のための教育（ESD）」の一環として理解されている（鈴木 2017）。湿地や水に関するESDの議論は、①自然環境の持続性（湿地や水の保全と再生）、②社会と文化の持続性（湿地や水の賢明な利用）、③それらを支える人と学び（CEPA）、の3要素のバランスといった視点（佐々木 2015）から、さらに発展する可能性を秘めている。

　湿地や水をめぐる人間の関わり方は実に多様性に富んでおり、そこには多くの物語としての「生命誌」がはぐくまれてきた。湿地研究の先達者である辻井（1987）は、湿原の上には生きた植物が、動物が、生活していて、それは歴史も土をも含めて、すべてが生きている存在であることを認めている。こうした自然環境の捉え方は、地域に暮らす人々によって生み出され、受け継がれ、発展させられている生活様式を記録した「湿地の文化」（笹川ほか 2015a）へとつながり、今日では、自然と社会と人間の持続性のバランスを考えるためのひとつの指針となっている、と考えることができる。

　こうした観点からも、「じめっ」として、近づきがたい湿地のイメージに対して、実はそうではなくて湿地が身近な暮らしや生業と密接に関わり貴重

であることを多くの人々に知ってもらうことは、湿地におけるCEPAの重要な課題であろう。しかしながら、湿地や水を取り巻く諸要素が一辺倒に扱われては、それらの多面的価値は見えにくくなってしまう。いまいちどCEPAの役割を考えるならば、湿地や水の魅力と価値を人々に伝え、参加してもらうための仕組みであろう。別の言い方をすれば、CEPAは様々な角度から人と自然との「つながり」を意識するための方途である。いまひとつの課題は湿地や水の保全・再生・創出・維持管理、又は賢明な利用に関する物事を鳥瞰的な視野で総合的に進めることであるが、それらをめぐる「体験」（自分たちの湿地や水という意識）が世代を超えて積極的に話し合われ、共有されることにどのような意味があるのかを探ることも重要な課題であろう。ここでは、学び教え合うなどの教育的アプローチとしての「体験学習」がCEPAにおいてどのような役割を果たすのかについて考えてみたい。

2 「CEPA」概念の成立と発展

（1）ラムサール条約における　CEPA

　CEPA（セパ）は、生物多様性条約やラムサール条約などに実効性を持たせるための「支援ツール」であり、人々や社会の変化をもたらすための「学習プロセス」としての幅広さがある。生物多様性条約は、CEPAに関する「公衆のための教育及び啓発」（第13条）を規定している一方、ラムサール条約にはそのような条文はない。しかしながら実際のところ、ラムサール条約の締約国会議（Conference of Parties/COP）ではCEPAに関連する決議がこれまで多く採択されてきた（図3-1）。

　1993年のラムサール条約締約国会議COP5では、湿地保護区における湿地の価値の普及啓発を促進する方法（勧告V.8）が勧告され、1996年のCOP6では、教育と普及啓発（Education and Public Awareness/EPA）に関する決議（決議Ⅵ.19）が採択された。決議書では、持続可能な湿地管理に不可欠な手段である教育と普及啓発プログラムを各国・自治体などのあらゆるレ

ベルで組織し、実施団体との連携によって発展させる必要性が挙げられた。さらに、湿地資源の価値や利益についての知識と理解を深め、保全や管理に向けて行動を発展させなければならないことも同時に確認された。

1999年のCOP7で採択された「1999-2002年ラムサール条約普及啓発プログラム」（決議Ⅶ.9）以降から従来のEPAに加え、科学及び生態学と人々の社会的、経済的現実と

図3-1　ラムサール条約COP本会議場の様子

（提供：日本国際湿地保全連合）

をつなぐ架け橋としての広報（Communication）の頭文字を加えたCEPAが議論され始めた。このプログラムは、ラムサール条約における勧告を実施するための戦略計画として位置付けられている。2002年のCOP8では、「2003-2008年ラムサール条約広報教育普及啓発プログラム」（決議Ⅷ.31）を採択し、主な目標が示された。それは、①CEPAのプロセスにおける価値と有効性についてあらゆる分野・レベルから支持を得ること、②CEPAの活動を国及び地域で効果的に実施するための支援とツールを提供すること、③湿地の保全とワイズユース（賢明な利用）を社会で主流化し人々に行動する力を与えること。また、CEPAの頭文字に当たる、「理解促進と相互理解へと導く双方向の情報交換」としての広報（Communication）、「人々が湿地保全を支援するよう、情報を提供し、動機を与え、権限を与える」プロセスとしての教育（Education）、「結果を変える力を持つ個人や主なグループに、湿地に関連する問題へと目を向けさせる」手段としての普及啓発（Public Awareness）、とそれぞれの定義が示された。

その後、2008年のCOP10では「2009-2015年交流・教育・参加・普及啓発（CEPA）プログラム」（決議 X.8）が採択され、CEPAの頭文字に

Participation（参加）を加え、従来の"PA（Public Awareness）"から"PA（Participation Awareness）"に変更した。名執（2018）は、生物多様性条約の"PA"がいまだにPublic Awarenessであるのに対してラムサール条約ではParticipation Awarenessとなったのは、湿地という特定の生態系を保全対象にする場合、その関係者も想定しやすく、関係者の参加の必要性が叫ばれることに一定の理解ができる、と説明している。

（2）COP12のCEPAプログラムと能力養成

2015年、COP12の決議Ⅶ.9の付属書として「2016-2024年コミュニケーション・能力養成・教育・参加・普及啓発（CEPA）プログラム」が採択された。COP12のCEPAプログラムの長期目標（ビジョン）では、「湿地が保全され、賢明に利用され、再生され、湿地の恩恵がすべての人に認識され、価値づけられること」として、「人々が湿地の保全と賢明な利用のために行動を起こすこと」と包括的に示される。そして、このビジョンを具現化するため、9つの目標（ゴール）と43の個別目標（ターゲット）が提示される。対象は、湿地の状態や長期的な持続可能性に対して直接的な影響を与えうる、すべてのグループ（政府・行政、教育部門・教育機関、市民社会、企業、国際機関を27に分ける）である。

このプログラムの特徴は、能力養成（Capacity building/Capacity development）が加えられたことであり、次のように定義されている。それは、「『能力養成』とは、『能力開発』とも表現され、組織的（institutional）な変化にかかわるものである。これは、個人、グループや組織、機関や国が、その機能を働かせ、問題を解決し、目的を達成するために、個別および集団的に自らの能力を高めることを目的に、自らのシステム、リソース（資金、資材、人材など）、知識を発達させ、強化し、組織化する過程のことである」。

また、CEPAを積極的且つ効果的に活用するための適切な扱い方の原則が示されたことも一定の成果と見ることができる。「能力養成は、個人またはグループの内部で起きるもので、強要することはできない。能力養成は内部

第3章　CEPAにおける体験学習の役割

プロセスなので、他者に対して『行う』ことは不可能である」、「学び方は各人各様である。多様なニーズに対応するため、能力養成には多様な戦略、方法、テクニックが必要である」や「能力養成は学習環境の影響を大きく受けるので、刺激的な学習環境を作り出すようにする」等が示されている。

（3）CEPAの形式

　これまでラムサール条約登録湿地にある湿地センター等で、水鳥の観察会、自然体験学習や保全活動などの教育的行事が積極的に行われてきた。北海道の『しめっち　CEPAプログラム集』に見られるように、「湿地」という場がもつ教育的意味がCEPAを通して徐々に浸透してきている。

　CEPAプログラムには、「湿地教育（wetland education）」が目標（ゴール）1・7・8で言及され、8つの個別目標（ターゲット）が示されている。その主なものは、①湿地教育に関する戦略の効果についての評価、②湿地教育を行う施設に対する支援・ネットワーク化、③施設に関する総合データベースの作成、④教育現場やラムサール条約登録湿地で利用できる資料の作成と配布、である。

　日本におけるCEPAの担当窓口（フォーカルポイント）はNPO法人日本国際湿地保全連合（Wetlands International Japan/WIJ）であり、COPで採択された決議書や資料の広報（翻訳を含む）、世界湿地の日（World Wetlands Day、2月2日）にシンポジウムを開催するなどを行なっている。また、ラムサール条約登録湿地を有する市町村が主催する「ラムサール条約登録湿地関係市町村会議」（市町村会議）のホームページ運営管理と、市町村会議に合わせて「学習・交流会」を開催するなど、自治体間の情報交換および協力を推進している。

　ラムサール条約登録湿地の中には、水鳥の保護、湿地の保全やワイズユースに関する学術研究や普及啓発などの活動を総合的に推進する拠点施設が置かれる。目標（ゴール）7では、湿地センターや他の環境センターの役割の明確化とそれらの整備・支援が目指される。湿地リンクインターナショナル

表 3-1　日本の水鳥・湿地センターと活動内容

センター名	場所	主なCEPA活動	インタープリテーション	参加	教育と交流	更新日
宮島沼水鳥・湿地センター	北海道美唄市	宮島沼の保護と賢明な利用、特に農業に関する活動、及びマガンの保護と生息地・越冬地の間の経路管理に向けた普及啓発	定期的なイベントの開催、パネル展示、ビデオ上映、可動式カメラ、手づくり&手に触れられる展示物		・公教育（大学生を含む）の教員又は生徒・学生の受入（プログラム企画・実施、研究補助、インターンシップ、研修等）・学校外教育として、パンフレット・ガイドの配布、「宮島の会」が主催する定期的なイベント	2012.5.21
宮城県伊豆沼・内沼サンクチュアリセンター	宮城県栗原市	季節における自然体験活動・イベントの提供（水辺・水鳥の観察、早朝ガンの飛び立ちの鑑賞）	館内・外の案内板、パンフレット・ガイド、ビデオ、自然歩道の整備・案内	若者・地域コミュニティ参加の推進、ボランティア活動	初等教育、成人教育、小中学校を対象とした教材・プログラムの開発	2016.2.26
NPO法人蕪栗ぬまっこくらぶ	宮城県大崎市	幼稚園・小学校・中学校・高校等における教育（野生生物、水鳥、洪水調節、賢明な利用、農業）、連携協力（東アジア地域ラムサールセンター、パートナーシップ地域フライウェイ・ネットワーク日本等）、ウェブ・新聞での情報提供、エコツーリズムの観察	館内・外の案内板、パンフレット・ガイド	若者・地域コミュニティ参加の推進、ボランティア活動	初等教育、小中学校	2012.6.29
藤前活動センター	愛知県名古屋市	干潟での観察イベント、干潟の清掃活動、ガタレンジャー養成講座、環境学習「藤前干潟ガタレンジャーJr.」		障害を持った人々との活動、無関心層グループ・若者・地域コミュニティ参加の推進、ボランティアとの活動	初等教育、成人教育、小中学校・地域コミュニティを対象とした教材・プログラムの開発	2016.3.2
米子水鳥公園	鳥取県米子市		館内・外の案内板、パンフレット・ガイド、ビデオ	若者・地域コミュニティ参加の推進、ボランティアとの活動	初等教育、成人教育、小中学校を対象とした教材・プログラムの開発	2012.10.22

参考：WLIホームページ https://wli.wwt.org.uk/regions/ （英語は筆者が和訳）

(Wetland Link International/WLI) は、全国の湿地センターに関する総合データベースを作成し、各国の湿地センターや他の環境センター（環境省が整備する「水鳥・湿地センター」）に情報の提供を求めている（**表3-1**）。

3　CEPAにおける体験学習の内容と方法

（1）海外の事例

米国にはProject WET、Project Learning Tree、Project Undergroundなどの湿地や水に関する環境教育パッケージド・プログラムが数多くある（田開 2018a）。パッケージド・プログラムとは環境教育の指導教材であり、効率よく効果的に展開できるようにアクティビティが組み立てられ、書籍や冊子本として一つにまとまっているものである（**図3-2**）。

『おお、素晴らしき湿地よ（WOW! The Wonders of Wetland Wetlands）』の学習指導案は、学校教員だけでなく自然保護区の管理者、国立公園などの職員やインタープリター（人と自然との橋渡し役・自然案内人）を想定して作成されている。また、カリキュラムはK-2、Grade3-6、Grade7-12の教育期間（日本では就学前教育、小学3〜6年、中学1〜3年）に対応して、3日間と5日間（またはそれ以上の期間）のロールモデルが用意されている。

例えば、Grade7-12の3日間のロールモデルでは、多様な湿地の形態について学ぶ「動植物が生息／生育する湿地（Wetland Habitats）」、湿地開発における意思決定の手続きを体験する公聴会のロールプレイング「聞いて聞いて！（Hear Ya! Hear Ya!）」やボードゲーム「湿地版モノポリー（Hydropoly）」、利用できる真水の量を実感及び計算する「バケツの中の一滴（A Drop

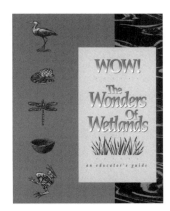

図3-2　WOW! The Wonders Of Wetlandsの表紙

in the Bucket)」から、指導者は適当なアクティビティを選ぶことができる。時間に余裕があれば、湿地の浄水機能を測る「浄水器（Water Purifiers）」、生息／生育環境や特徴等から動植物を同定する「あなたはだれ（Wetland Address）」を追加することができる。また、湿地の水質／塩分／溶存酸素／pH／水温／透明度等を科学実験から測定する「ここの水はどんな水？（Water We Have Here?）」、草の根運動的な湿地の保護管理の事例を学び実行する「関わろう！（Get involved!）」、地域の自然環境に合った植栽や鳥の巣作りなどの緑化ボランティアを行う「動植物の生息／生育環境を応援しよう（Helping Wetland Habitats）」など、個人で取り組むことのできるフィールド実習がある。

　このようにパッケージド・プログラムには「いつでも、どこでも、だれでも」できて「楽しく学べる」要素がたくさん盛り込まれている。とはいえ、単によさそうな活動（アクティビティ）をつまみ食い的に組み合わせるのではなく、地域の自然や学習者の状況に合わせた「ながれのある自然体験プログラム」（能條 2015）として計画することが肝要である。ここには「体験学習の循環過程」（津村 2014）と同じような構造と仕組みがあり、「体験」したことを振り返り分析することで、湿地や水に関する様々な事象を仮説化・概念化しつつ包摂的に扱うことを可能とする。ラボラトリー方式の体験学習は、体験—指摘—分析—仮説化（EIAHE'=Experience-Identify-Analyze-Hypothesize-Experience）の循環過程であり、「学び方を学ぶ（learning how to learn）」学習である。その意味では、パッケージド・プログラムは学習者自身の成長へとつながるための「補助ツール」、と考えることもできる。

（2）「体験学習」に期待されること

　体験学習法は、自然の中で学習者が自らの学習プロセスをふりかえり、そこから各個人の学びを高めることで各自の行動化や日常化をはかるという学習理論であるとともに、教育者から学習者への一方通行型の指導ではないことに特徴がある（降旗 2006）。また、湿地における体験学習の意味を考えると、

湿地という素材を活かし、活動の中に「外化」や「対話的」といった要素が含まれ、主体的・対話的で深い学び（アクティブ・ラーニング）の実現に向けた「実感のこもった教育活動」（能條 2018）でなければならない。いずれにしても、湿地や水に関連する知識や技術の伝達といった従来の「知識注入型」の学習法に頼っていては解決できない、教育者と学習者あるいは学習者が思考したことを相互に共有しながら学ぶといった「参加体験型」、又は主体的・能動的に探究する学習法にこそ湿地や水に関連する環境問題を解決に導くことのできる可能性（諏訪 2016）を期待することができる。

　あらためて「湿地」という場がもつ教育的意味を考えてみたい。笹川ほか（2015b）は、CEPAを通じて、表現活動・能力を豊かにしながら、揺れ動く生活を貫く安定のための人と人との関係とシステム、生きて働くことの実感を増やすための無償の仕事としてのボランティア活動や助け合い、経験交流を基礎とするローカルな技・知識・智慧の創造に向かうことによってのみ、現代の日本を含むいわゆる先進国において人は生きて、働いて、学んで遊ぶという、私＝私たち自身の主体になれるという。ともすれば、人間の能力形成との関連で、人間の持続性と人間能力の持続的発達・成熟への着目なしに、自然環境と社会関係の持続性はあり得ないし、ESDの観点からも持続的な指導者・担い手は形成できない。こうした「人」の持続可能性の追求にこそCEPAの可能性を見出すことができ、笹川の言葉を借りるならば「便利な生活」を理由に人間の身体的・精神的能力を劣化させて、生きて働く実感を減少させつつある「人格危機」に抗することが、人の多様な表現とそれを通じた意味づけ、それらの共有を含む「CEPA」にはできるのではないだろうか。このように考えることによって、揺れ動く生活の現実、揺れ動く心理状態、生きて働く実感の減少という現実の中で暮らす人々の持続不可能性と向き合うことのできる希望も見えてくる。

　湿地や水をめぐる「体験（経験交流）」は自然環境や社会関係だけでなく「人」の持続可能性を問うことにほかならない。そして湿地を舞台として行われる教育は環境教育・ESDであり「CEPA」である。阿部（2014）が考える

CEPAとは、多様な人々が参加・体験活動を通じて、地域の自然資源、歴史・文化資源、人的資源などを「見える化」し、さらには対話・協働などを通じて「つなぐ化」することである。すなわち、「CEPAにおける体験学習」にとって重要なことは、自然や人そのものの再構築を前提に成り立つ〈探求〉であり、湿地や水に対する人々の広範な認識を共有し結節する役目を果たす〈地域協働〉をともなうものである。

（3）「CEPAにおける体験学習」を実現するために必要なこと

　CEPAの頭文字と結びつく言葉は幅広い。教育学者の鈴木（2017）が提起する新しいCEPAのひとつに「教育と主体的力量形成（Education and Empowerment）」がある。ここで提案する新しいCEPAには「市民科学（Citizen science）」が考えられる。ほかにも「アクティブ・ラーニング（Active learning）」を入れてもよい。どのような言葉を考えてCEPAの定義を広げるにしても、私＝私たち自身という主体性を具現化することに大きな意味を持つ。

　そして、「体験学習」に呼応するCEPAを考えたとき、あらゆる主体を包括的に捉える中で行政、科学者、NPO等といったセクター間の境界は意味を持たなくなる。すなわち、湿地や水に関わる〈私〉は、各々が対等な立場で自立した存在として責任を持ち、各々が相互に信頼関係を築きながら活動していくことが求められている、といってもよい。

　湿地や水に関するあらゆる教育現場は、学習要求を十分に満たすための指導者・担い手養成のあり方を考える必要がある。教員や水鳥・湿地センターの職員など教育に携わるすべての指導者には、目標達成に向けて効果的・効率的に進めていく組織的な力と複数セクターとの有機的な連携などの向上が求められている。

　これから3つのセクターに注目して湿地や水に関わる指導者・担い手が「CEPAにおける体験学習」を実現するための課題をあげたい。ひとつは学校教育である。意図的かつ計画的に地域の自然を意識化させ価値づける行為

第3章　CEPAにおける体験学習の役割

は学校でしかできない教育活動と考えた場合、地域の資源を十分に生かしたカリキュラム編成が求められる（小玉 2011）。カリキュラム編成のいまひとつの課題は、「体験学習」を地方自治法における総合計画や教育振興基本計画等の諸方針の中にいかに位置づけるかである。教員の自主性と主体性を尊重するとともに学校の地域における拠点性をおさえれば、各地域の実態に合った自然体験学習を創り出すことが可能である（小玉 2009）。とはいえ、とりわけ小学校においては英語の教科化やプログラミング教育の必修化などを理由に教員の授業準備の時間が足りない状況を生み出し、さらに湿地や水に特化した参考書や教科書がいまだに十分ではないなか「体験学習」の授業化は困難を極める。こうした状況においては、学校教育の中に「体験学習」を確実に組み込む仕組み（教育方法の慣例化）を作ることが望ましい。米国には環境教育パッケージド・プログラムの蓄積があり、学校教育への活用に向けては教育スタンダード（評価指標）との関連付けがしっかりとなされている。

　つぎに社会教育・生涯学習である。湿地や水の魅力や価値を学び教え合う場として、むしろ社会教育・生涯学習のように教育者と学習者が協働して推進される場において、その真価が発揮される。北海道のラムサール条約登録湿地をはじめとする子どもや若者（ユース）による活動（牛山 2017a）から学ぶことは多く、彼らを単なる学習者と捉えるのではなく重要なパートナーとして位置づけ、大人とともに湿地の保全とワイズユースを進めていく姿勢は評価に値する。とはいえ、このような取組の推進力を生み出すためには指導者・担い手が必要であり、地域づくりと表現活動の視点を持った社会教育・生涯学習などの専門家が求められる（佐々木 2015）。具体的には、指導者に求められる資質・能力は、「地域や他の機関などに働きかける交渉力」「地域とのつながりを強め、地域の人材を生かす力」などコーディネーター的な力量（降旗 2009）、が考えられる。ほかにも、自然を体験する場を提供する施設は重要であり、湿地センターをはじめとする施設は経験を積極的に提供する役割を果たすだけでなく、地域特有の湿地の価値の掘り起こしや創出を目

指した湿地の文化事例の取りまとめやシンポジウムの開催、湿地教育ツールの開発などの地域協働の取組を進めることができる（牛山 2017b）。

最後に自治体である。1999年にCEPAという略語が誕生してからこれまで、CEPAのNGOフォーカルポイント（日本ではWIJ）による地道な活動が実を結び、様々な人々が湿地の保全やワイズユースを実行でき

図3-3　市町村会議学習会の様子
（提供：ラムサール条約登録湿地関係市町村会議事務局（2017-2019年）大崎市世界農業遺産推進課）

るような力をつけてきている。市町村会議の「学習・交流会」や開催地の湿地見学や事例報告をはじめ、環境省「エコライフフェア」で市町村会議とNGOが協力して開催する「湿地の恵み展」、COPでのブース出展やサイドイベント等の実績からも明らかである（**図3-3**）。環境教育等促進法では自然の中での「体験学習」が重要な位置づけとされているばかりでなく、関係者間の協働取組が強調され自治体間の学習のネットワークのあり方に大きな期待が寄せられる。湿地や水の持続可能性に貢献し得る主体は土地所有者、子どもやユース、メディア関係者、著名人、農業従事者や女性などと多岐にわたっている。その意味では、こうした主体が湿地や水の持続可能性を支える行動主体へと形成されていく様相を一つひとつ丁寧に捉えなくてはならない。当然のことながら、国・自治体レベルでの政策決定者や環境計画の策定者をも含み、湿地や水の持続可能な利用に向けて重要な行動主体として機能しなくてはならない。いずれにしても、湿地や水の恵みがすべての人々へと平等に行きわたる社会を目指すことが全国的・世界的に求められている。

4　おわりに

日本湿地学会（Japan Wetland Society/JAWS）は、2017年に湿地のもつ

第3章　CEPAにおける体験学習の役割

多面的な姿を幅広く扱う『図説　日本の湿地―人と自然と多様な水辺―』を刊行した。水に依存して生きる人間は、多様な湿地の恵みを受けそれを賢く利用してきたと、編集上のこだわりとして「人」からはじまり「人」に終わるとするストーリーが構成されていることは重要な意味をもつ（田開2018b）。

　かつての湿地は不用の地とされ農業や建築などの開発行為が進められてきた場所でもあった。じめじめとした湿気環境や人の健康に影響を及ぼす衛生動物が生息するなど、多くの人々からはネガティブなイメージさえ持たれてきた。そのようなイメージからか、湿地には河童やピクシーといった想像上の生きものが棲む恐ろしい場所として伝承されてきた国や地域もある。しかしながら、確かに言えることは、湿地とは「人」が行き交う場所であって、そして「人」の創造力が働く場所、であったという事実である。これからの未来にわたっては、湿地や水のもつ目に見えない偉大な力の根底に流れるストーリーを経験し体感する学びが一段と展開されて、流動的ではあるけれどもCEPAの創造的で彩りあざやかな活動を期待したい。

引用・参考文献
阿部治「ESD：持続可能な社会づくりのための教育」（『図説　日本の湿地―人と自然と多様な水辺―』朝倉書店、2017年）174〜175ページ
降旗信一「自然体験学習とは何か」（降旗信一・朝岡幸彦編著『自然体験学習論：豊かな自然体験学習と子どもの未来』高文堂出版、2006年）15〜40ページ
降旗信一「環境教育におけるコーディネーター」（『学びあうコミュニティを培う―社会教育が提案する新しい専門職像』東洋館出版、2009年）181〜186ページ
小玉敏也「自然体験学習に関する教員の力量形成の課題―北海道厚岸群浜中町における自然体験学習事業の事例分析―」（自然体験学習実践研究会『自然体験学習の指導者養成カリキュラム』渕上印刷株式会社、2009年）5〜19ページ
小玉敏也「学校での自然体験学習におけるカリキュラム編成の課題―北海道厚岸群浜中町における自然体験学習事業の事例分析（Ⅱ）―」（自然体験学習実践研究会『自然体験学習・自然保護教育の地域指導者』Fデザイン、2011年）31〜48ページ
名執芳博「湿地CEPAについて」（牛山克己編著『湿地と人・社会をつなぐ：しめっちCEPAプログラム集』2018年）4〜5ページ

日本湿地学会監修『図説　日本の湿地―人と自然と多様な水辺―』（朝倉書店、2017年）228ページ

能條歩『人と自然をつなぐ教育：自然体験教育学入門』（NPO法人北海道自然体験活動サポートセンター、2015年）127ページ

能條歩「湿地における体験学習のポイント」（牛山克己編著『湿地と人・社会をつなぐ：しめっちCEPAプログラム集』2018年）6～7ページ

笹川孝一・名執芳博・朱杞載・陳克林・サンサニー・チョーウ・佐々木美貴編著『湿地の文化と技術：東アジア編―受け継がれた地域のわざと知識と智慧―』（日本国際湿地保全連合、2015a年）128ページ

笹川孝一・牧野篤・萩野亮吾・中川友里絵・金宝藍「社会教育学の視点からESDを問い直す－『社会教育としてのESD』プロジェクトの研究成果から―」（『環境教育』24巻3号、2015b年）4～17ページ

佐々木美貴「水と湿地をめぐるESDとNGOの役割～日本国際湿地保全連合にそくして～」（日本社会教育学会編著『社会教育としてのESD』東洋館出版、2015年）114～124ページ

諏訪哲郎『アクティブ・ラーニングと環境教育』（日本環境教育学会編著、小学館、2016年）2～3ページ

鈴木敏正「『持続可能な発展のための教育』と保全活動」（矢部和夫・山田浩之・牛山克巳監修『湿地の科学と暮らし―北のウェットランド大全』北海道大学出版会、2017年）333～340ページ

田開寛太郎「持続可能な湿地づくりのための湿地教育に関する一考察―米国のWetlands Educationを事例に―」（『環境教育』28巻2号、2018a年）39～48ページ

田開寛太郎「特別シンポジウムのご報告」（『湿地研究』8巻1号、2018b年）206～207ページ

辻井達一『湿原―成長する大地』（中央公論社、1987年）204ページ

津村俊充「体験学習とファシリテーション」（津村俊充・石田裕久編著『ファシリテーター・トレーニング』南山大学人文学部真理人間学科監修、2014年）2～6ページ

牛山克己「若者や子どもによる活動」（『図説　日本の湿地―人と自然と多様な水辺―』朝倉書店、2017a年）182～183ページ

牛山克己「湿地保全の社会システム」（矢部和夫・山田浩之・牛山克巳監修『湿地の科学と暮らし―北のウェットランド大全』北海道大学出版会、2017b年）279～288ページ

第4章　学校教育における海洋教育の展開

日置　光久

1　はじめに

　我々の住んでいるこの日本は、四方を海で囲まれており、温暖で湿潤な気候を有する。明確な四季の変化は、季節ごとに特徴ある風景や自然の姿を見せてくれるとともに、日々の生活にリズムをもたらしてくれる。季節の変化とともに多彩な美しい風景が立ち現れては、次の瞬間には儚く消え、新しい季節へ移ろっていく。このような我が国の自然の特徴は、多種多様な動物や植物のいのちを育み、現代へ続く幾多の伝統的な行事を伝え、文化のゆりかごを形づくってきた。元来「自然」は「じねん」と呼称され、我々は我々の身の回りにある環境をそのまま受け入れてきた。季節は移り変わること自体が自ずから然ることであり、それがそのまま我々の「じねん」の「自然」であった。春には芽吹きを喜び、梅雨の時期には田植えに勤しみ、秋には紅葉を愛で、冬になったら雪の世界に親しむ。植物は大地から芽を出し成長し、花を咲かせ実をつけ、そして枯れていく。動物は母親から生まれ、成長し、子供を産み育て、そして死んでいく。むし、とり、けもの、くさき、はな、生きとし生けるものが変化していくことも、その存在、その移り変わりがそのまま自然であった。現在、Natureの訳語としての「自然」は海洋、大地、そして生き物まで含む広範な概念であるが、一方このような日本の伝統的な生活と思想を内包している[1]。近年になると、1994年発効の「海洋法に関する国際連合条約」によって、それまで慣れ親しんできた海洋に新たに「排他的経済水域」という概念が導入された。以降、我が国の管轄水域（内水含む領海＋排他的経済水域）は面積447万km^{2}となり、世界第6位を誇るほど

の広さになった。北方では流氷を見ることができ、また南方へ下がっていくと透明度の高い珊瑚礁の海が広がっている。北方からは豊かな植物プランクトンを含んだ親潮が南下し、南方からは温暖で強力な黒潮が北上し、三陸沖を中心とする太平洋近海で交じり合っている。そこでは豊かな漁場が形成されており、歴史的に日本人の多様で豊かな食文化の基礎を育んできた。またここ数年、JAMSTEC等の研究の結果、日本近海の海底にはメタンハイドレートやマンガン団塊、コバルトリッチクラストなどの希少な鉱物資源が存在していることが明らかになってきている。これらは、我が国の将来の貴重なエネルギーや産業の米になるものとして大きな期待を集めている。我々はこれまでも、そしてこれからも、自然そして海とともに在り、物質的・精神的に豊かな恵みをいただいて生きていくのである[2]。

　一方、地殻構造的に見てみると、周知のように、我々の住んでいる固体地球の表層は、十数枚のプレートで覆われている。日本列島は、そのうちの4枚ものプレートの上にまたがった形で乗っていることが知られている。各プレートの境界部は、一部は地表部に露出しているが、その多くは海洋底に存在している。太平洋プレートは東日本側の海域では千島海溝と日本海溝で北米プレートの下に潜り込みつつ、さらに西日本から南方にかけての海域では、伊豆・小笠原・マリアナ海溝からフィリピン海プレートの下へと潜り込んでいる。そのフィリピン海プレートは、紀伊半島、四国沖の海域で南海トラフから琉球海溝にかけてユーラシアプレートの下へと潜り込んでいる。国土面積ではけっして広くない日本列島ではあるが、その足下では4枚ものプレートがひしめき合い、それぞれ独自の方向へ、異なったスピードで運動しているのである。我が国は、世界でも有数のプレートのサブダクション地帯なのである。このようなサブダクション地帯では、大規模な地震が多発することになる。このような世界でもまれな我が国の構造的特徴は、そこに住む人々にとって自然の脅威や災害として降りかかってきた。2013年3月11日の東北地方太平洋沖地震は、北米プレートと太平洋プレートの境界部で発生したまさに海溝型地震であった。地震の揺れによる直接の被害に加えて、地震によ

第4章　学校教育における海洋教育の展開

って引き起こされた大規模な津波によって甚大な被害がもたらされ東日本大震災と呼ばれている。自然は我々に豊かな恩恵をもたらすとともに、時として巨大な自然災害として猛威を振るってきたのである。

　このような我々の生活と切っても切れない関係を持つ「海洋」を、学校教育の中に適切に位置づけ、海洋教育カリキュラムの研究開発を行っていくことは、大きな意義があると考えられる。

2　海洋教育の展開

　海洋に関わった教育に関しては、明治時代から商船、造船、水産、海上保安、海洋気象などの分野が独自に発展を遂げてきている。それぞれの内容は、国土交通省港湾局、海上保安庁、気象庁などで独立して扱われてきた。一方、我が国が高度経済成長の時代に入ると、国内外において海洋開発の気運が高まり、人材育成や海事思想の普及を目的とした教育制度が確立していく。大学においては、海洋開発に関わる学部や大学院の新設が相次いだ。それに伴って、沿岸域を含む海洋の開発や利用に関わる様々な学問分野が進展してきた。さらに、平成の時代に入ってくると、国際的な環境保全の流れに沿って、海洋の節度ある開発・利用、そして保全という視点がクローズアップされてくる。このような海洋に関わる教育が広く「海洋教育」とされてきた[3]。

　このように、周りを海で囲まれている我が国においては、自然発生的に、あるいは生活上必要なものとして「海洋教育」が行われてきたといえる。しかしながら、よりグローバルな視点から、より整理された形で「海洋教育」を考えるには、2007年の海洋基本法の制定を待たなければならない。これは、「我が国の経済社会の健全な発展及び国民生活の安定向上を図るとともに、海洋と人類の共生に貢献すること」を目的として制定されたものである。第二十八条において「国民が海洋についての理解と関心を深めることができるよう、学校教育及び社会教育における海洋に関する教育の推進」を行うことが示されている。本条における「海洋に関する教育」は、その理念を具体化

する2008年の第1期海洋基本計画において、基本理念の理解と関心を深めるための施策の一環として、「海洋に関する理解と関心の増大のための高校・大学を通じた専門教育」、「海洋科学技術を支える研究者・技術者育成のための高校・大学等における産業会と連携したカリキュラムの充実」として示されている。さらに、2013年に改定された第2期海洋基本計画では、「海洋教育」の記載に注目すべき変化を見ることができる。それは、海洋基本法で規定されている6つの基本理念に加えて「(7) 海洋教育の充実及び海洋に関する理解の増進」が示されたことである。第1期では施策レベルであった海洋教育が、理念のレベルで示されるに至ったのである[4]。

最近では、さらに海洋教育の推進、展開に関して新しい動きがある。海洋教育の取組を強化していくための、産学官による海洋教育推進組織「ニッポン学びの海プラットフォーム」の立ち上げの構想である。この「プラットフォーム」を通じて、「2025年までに、全ての市町村で海洋教育が実践されること」を目指すことが示されている[5]。また、国際的な動きとしては、SDGsの目標群の中に「海の豊かさを守ろう」という目標14が示されたことがある。これは、海洋と海洋資源を、危機的状況にある漁業資源の乱獲や海洋酸性化、プラスチックゴミなどの海洋汚染から持続可能な形で保全し、持続可能な形で利用することを目指すものである[6]。

3　学習指導要領における「海洋」に関する記述

2017年3月に新しい学習指導要領が公示された。2020年には小学校で、2021年には中学校での全面実施が予定されている。これらの新しいナショナルカリキュラムの中では、「海洋教育」はどのように取り扱われているのだろうか。

「海洋教育」という文言が初めて登場するのは、2016年10月の中央教育審議会第25回特別部会においてである。そこで「次期学習指導要領等に向けたこれまでの審議のまとめ」への意見募集(パブリックコメント)の結果がま

第 4 章　学校教育における海洋教育の展開

とめられて資料として配布されているが、「教科横断的なテーマに関する意見」の中で「海洋教育」という項立てが行われ、次のように記述されている[7]。

　○多数の島から構成され、四面を海に囲まれている海洋国家である我が国の教育においては、海運など海事関連の産業が国民生活と日本経済を根底で支える重要な役割を担っていることが正確に理解されるようにする必要がある。

　○グローバル化が進む社会という観点から、領土や国土に関連しての領海・EEZなど海洋の重要性や意義の理解に関する内容が盛り込まれることが必要である。

ここでは、「海運などの海事関連の産業の重要性」及び「グローバル化が進む社会の中での領土・領海・EEZの理解」という限定された内容ではあるが、海洋教育の充実の必要性が述べられている。しかしながら、2016年12月の中央教育審議会最終答申においては、

「海洋教育」という直接的な文言は消え、「現代的な諸課題に対応して求められる資質・能力」という項立ての中で、次のような記述がなされている。

　グローバル化の中で多様性を尊重するとともに、現在まで受け継がれてきた我が国固有の領土や歴史について理解し、伝統や文化を尊重しつつ、多様な他者と協議しながら目標に向かって挑戦する力、「グローバル化の中での多様性の尊重」、「我が国固有の領土や歴史についての理解」という文言に「海洋教育」が含意されているとは読めるものの、それらのコンテンツが「多様な他者と協議しながら目標に向かって挑戦する力」という資質・能力の育成という文脈で整理されている[8]。

　次に、実際の学習指導要領の中で新しく扱われれるようになった「海洋教育」に関する内容を見てみよう。

　小学校では、社会科第 5 学年「世界の大陸と主な海洋、主な国の位置、海洋に囲まれた多数の島からなる国土の構成などに着目して、我が国の国土の様子を捉え、その特色を考え、表現すること」（内容　A（1）イ（ア））が新たに設けられている。中学校では、社会科の地理的分野において「日本の

地域構成の特色を、周辺の海洋の広がりや国土を構成する島々の位置などに着目して多面的・多角的に考察し、表現すること」(内容　A（1）イ（イ））、「日本の地形や気候の特色、海洋に囲まれた日本の国土の特色、自然災害と防災などを基に、日本の自然環境に関する特色を理解すること」(内容　C（2）ア（ア））、「内容の取扱い」において「竹島」とともに「尖閣諸島については我が国の固有の領土であり、領土問題は存在しないことも扱うこと」が新たに設けられている。また、公民的分野において「領土（領海、領空を含む。）」(内容　D（1）ア（ア））、「内容の取扱い」において「領土（領海、領空を含む。）」を国家主権と関連させて取り扱うことが新たに設けられた[9]。

　海洋教育の内容は、領土・領海に関する記述が強調される形となっており、「教科横断的な内容」、あるいは「現代的な諸課題に対応して求められる資質・能力」としての総合的、汎用的な観点からは、断片的で不十分なものであるということができる。

4　「水の温まり方」の学習における海洋教育の考え方の一事例

（1）「水の温まり方」の学習

　具体的な学習内容における海洋教育の考え方について、以下に考えてみよう。

　第4学年理科「金属、水、空気と温度」単元における「金属は熱せられた部分から順に温まるが、水や空気は熱せられた部分が移動して全体が温まること」(A（2）ア（イ））の学習内容を事例として取り上げる。これは、子供が金属、水及び空気の温まり方を調べる活動を通して、金属、水及び空気の性質について、既習の内容や生活経験を基に、根拠のある予想や仮説を発想し、表現するとともに、金属は熱せられた部分から熱が伝わり全体が温まっていくこと、水や空気は熱を加えられた部分が上方に移動して全体が温まっていくことを捉えるようにするものである。子供は問題解決の過程を通して、いわゆる「伝導」と「対流」という物の温まり方の違いについて理解を

第4章　学校教育における海洋教育の展開

図っていく。この学習の中で、特に水の温まり方に注目すると、一般的に次のような授業の展開が考えられる。

「水はどのように温まるのだろうか」という問題意識を学級で共有し、ビーカーに入れた水を熱した状況を想定しながら予想を立てる。その際、前時までに行っている金属を加熱した際の温まり方を参考にしたり、やかんや鍋で水を温めた日常生活の経験をもとにして考えることが大切である。次に実験の計画を立て、ビーカー、加熱器具、温度計や示温インクなど器具や機器を用意し、実験が行われる。実験では、青色の示温インクがピンク色になって上昇する様子や、上の方からピンク色に色が変わっていく様子を観察し、それらの観察結果を自分自身のデータとして子供一人一人が話し合い、「水は熱を加えられた部分が上方に移動して、全体が温まっていく」という統一的な結論として整理される。このような学習は、理科として特有のものであり、子供一人一人が最終的に水の性質についての理解を図り、観察・実験などに関する基本的な技能を身に付けるとともに、既習の内容や生活経験を基に、根拠のある予想や仮説を発想する力を養い、主体的に問題を解決しようとする態度を養うことが目標である。

従前の学習では、ここまでがひとまとまりの学習であった。しかし、確かな学力を育成するための文部科学省2002年「学びのすすめ」以降、内容の理解をより深め、児童・生徒の興味・関心を広げ、主体的に学習に取り組むことができるようにするための「発展的な学習内容」の教科書への記述が可能となった[10]。これは、適切に関連していることを前提にしているが、直接学習指導要領に示されていない内容を指導できるということである。これは、本来の授業で「習得」した内容を、さらに実生活や自然の状況へ「活用」して理解を深めるという新しい学習の形を促進させた。海洋教育は教科の学習ではないが、このような教科の学習を基盤としてその活用として位置づけることに大きな可能性があると考えられる。ここでは、上述した「水の温まり方」の学習を一つの「習得」として、その「活用」としての海洋教育の展開を考えてみよう。

（2）日本近海の海流を活用した発展的学習の開発

　日本近海では、世界でも最大級の海流が流れている。黒潮である。黒潮は、東シナ海を北上してトカラ海峡から太平洋に入り日本列島の南岸に沿って流れる世界最大規模の海流である。北赤道海流に起源を持つ黒潮は、海水温は夏季で30℃近く、冬季でも20℃近くを保っている温暖な海流である。一方、カムチャッカ海流の一部が千島列島に沿って南下し日本の東まで達している。親潮である。親潮の海水温は3℃〜10℃といわれている。この2つの海流が東北沖合で出会うことにより、このあたりは世界でも有数の漁場となっているのである。このような内容は、伝統的に第5学年社会科「水産業のさかんな地域」の中で扱われている。社会科の学習においては、教科書はもとより資料集、地図帳などの豊富な資料を使って学習が展開される。しかしながら、理科との関連的な扱いはこれまでほとんどなされていない。

　黒潮や親潮は巨大な海水の「流れ」として、通常上空から俯瞰した形で平面的に扱われる。しかしながら、黒潮がその強力な流速や温暖な海水温を維持しているのは数百mの深さまでである一方、親潮は海底に達するような深いところまで流れがあり、潜り込むような形の舌状の冷水塊として知られている。親潮は海底に積もっている豊富なプランクトン由来の養分を巻き上げつつ進行しているのである。「親潮」と呼ばれる所以である。このような黒潮と親潮の関係性は、立体的に見ることにより新たな学びを生み出す。

　写真は、小学校第4学年を対象にした授業の一コマである[11]。手前に写っている上下のコップには、それぞれ赤と青に着色された水が満た

図4-1　東京大学海洋アライアンス海洋教育促進研究センター特任准教授（当時）による出前授業（於宮城県気仙沼市階上小学校）

（提供：丹羽淑博）

第4章　学校教育における海洋教育の展開

図4-2　黒潮と親潮のコップ実験
（提供：丹羽淑博）

されている。赤色の水は温水、青色の水は冷水である。温水と冷水は、中央に挟まっている仕切り板で分けられている。ここでの温水を黒潮、冷水を親潮と考えると、写真のような上が赤色の場合は黒潮が親潮に乗っている状態と考えられる。ここで、子供たちが真ん中の仕切り板を注意深く引き抜くと、2種類の色に変化はなく、赤色と青色は分離したままであることを観察することになる。一方、上下を逆にした2つのコップを用意し真ん中の仕切り板を注意深く引き抜くと、短時間で両方のコップの中の水は混ざり合い、暗色になっていくことを観察することになる。これは、黒潮と親潮の関係性を、理科の「水の温まり方」の学習の「習得」を活用した発展学習と考えることができる。社会科での学習と合わせて考察することにより、黒潮と親潮について実感を伴った形でより深い理解を図ることができる。このような、教科の学習を活用することにより、本来の学習の理解をより充実させるとともに、我々の生活や自然への関連づけを深めてくれるものが、海洋教育の一つの在

り方だと考えられる。

（3）体験を基盤にした学びを構築する海洋教育

　四方を海で囲まれた我が国では、多くの海との関わりが行われている。それらは、それぞれの地域の自然環境の特性や歴史的背景などによって多様でありながら、それぞれが地域に根ざしており、受け継がれてきている。なかには、湾岸の開発によって、文化の担い手としての集落の人口が減少し、消滅したり、消滅しかかったりしているものもあるが、それでもなお、とても一言では言い表せない海との関わりの豊かさが存在している[12]。

　しかし、それらの多くは、昔から学校行事として半ば自動的に行われてきた活動であったり、昔から地域の住民の間での伝統的な協同活動として半ば慣習的に行われてきたものであった。それらはほとんど無意識的に継続されてきたものということができよう。最近、一部は総合的な学習の時間の内容として学校の教育課程に取り入れられてきているものも見られるが、いまだその多くは教育課程外の活動として行われている。このような潜在的で、ある意味伝統的な「活動」は、積極的に教育課程に位置づけることにより、子供の資質・能力を育成する地域性豊かな優れた「教材」として考えることができるのではないだろうか。筆者は「体験の三角形」（以下、「三角形」という）というモデルを提案しているが、これを活用して海洋の教材化、教育課程化を行うことを考えている[13]。

　既に全国で行われている海を対象とした活動は、「三角形」の基底層を構成する。それらの活動は、多様であり独立性（隔絶性）が高いものであるが、地域の海環境という自然とは豊かな関係性を保持しているし、また一定の歴史性（伝統性）を担保している場合が多い。この層が、海という自然と直接接しており、子供にとってそれは、海という自然を直接対象とした体験活動という意味を持つということは大切である。自然の事物・現象は、その生成・発生、発展・成長などの運動や変化を人間とは独立した形でアプリオリに孕んでいる。自然を存在や現象としてとらえ、自らの持てる諸感覚をフルに駆

第4章　学校教育における海洋教育の展開

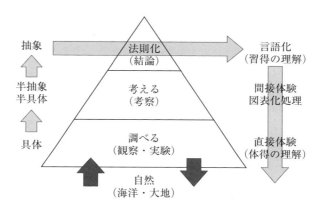

図4-3　体験の三角形
日置光久著『「理科」で何を教えるか』東洋館出版社、2007年

使することにより立ち現れてくるそのありように、子供は驚異の目を見張るのである。このような素朴な自然と関わる体験の充実を図ることは、人間形成において最初に大切なことであり、きわめて重要な意味を持っている。

　「直接体験」の基底層に載ってくる第2層は、「教育」の層と言っていいだろう。ここでは、基底層での子供の体験活動がより明示的で意図的なもの、より目的的なものに再構成される。主観的で個人的な「体験」の世界が、一定の基準の基に収れんをかけられると言ってもいいだろう。その際の基準は、学習指導要領である。目標論、内容論に加え、評価論、学習論などの側面から検討が加えられ、「海洋素材」は「海洋教材」として再構成され、学習の対象としての価値を付与される。子供の素朴な自然体験活動は、観察や実験などの科学の方法を意識した問題解決あるいは探究の活動へと変換される。この層での活動は「教授・学習活動」の中心であり、一般に授業という形で子供に提供される。教師の教授活動に対応した形で展開される子供の学習活動の結果は、グラフ化、図表化、数量化などの処理を経て表現され、それらを共有しつつ考察が行われる。

　第2層の上に載ってくる最上層は、ピラミッドのキーストーン的な役割を

果たしており、「三角形」全体を統合するという位置づけになる。第1層、第2層がなければこの層は成立しないが、逆にこの層がなければ「三角形」自体が瓦解してしまう。第2層で構築された子供の学びは、この段階でさらに収れんをかけられ、結晶化するのである。ここでは、問題解決や探究の過程を経て子供が帰納した「結論」が一つの知識という形で言語化される。言語化された知識はポータブルナレッジであり、記述により明文化され、クラス全体で共有することが可能になる。そして、さらに新たな思考を進めていくための重要なツールとなる。

　身体活動に依存した具体的な体験活動から言語を活用した抽象的な活動へのベクトルが、自然を対象とした学びの大きな方向性となる。しかしながら、学びの充実を図り、子供の資質・能力をしっかりと育成していくためには、それらを結ぶ「半具体・半抽象」の活動をどのように構成するかが重要なこととなる。この中間の層の意味をよく理解し、その充実を図ることが、全国で自然発生的に行われてきた「海に関わる活動」を結びつけ、価値付け、教育課程の中に埋め込んでいくことになるのである。

5　おわりに

　海洋教育について歴史的に概観し、学習指導要領における記述について考え、授業における一つの提案を行った。そして、「体験の三角形」によって、「海に関わる活動」を「海洋教育」として学校教育の中に位置づけていくことについて考察を行った。四方を海で囲まれており、独特の自然の様子や文化を育んでいるという特徴を鑑み、日本型海洋教育の構築を模索していくことが、これからの課題である。

第4章　学校教育における海洋教育の展開

注

（1）日置光久『展望　日本型理科教育』（東洋館出版社、2005年）。
（2）海洋政策研究財団『21世紀の海洋教育に関するグランドデザイン』（2010年）。
（3）我が国の「海洋教育」の歴史を整理した文献は少ない中、中谷三男『海洋教育史』（成山堂書店、1998年）は貴重な文献である。氏は、文部省で水産担当の教科調査官（後に視学官）として仕事をしたキャリアを生かし、明治から現代に至るまでの我が国の「海洋教育」の変遷を豊富な資料に基づいてまとめている。
（4）「海洋基本法」、「海洋基本計画」における「海洋教育」の取り扱われ方の分析は、日置光久・田口康大「海と人との物語構築としての海洋教育」（『自然体験学習実践研究』2（2）、2016年）に詳しい。
（5）「「海の日」を迎えるに当たっての内閣総理大臣メッセージ」（内閣総理大臣・総合海洋政策本部長）、平成28年7月18日。
（6）2015年9月25日に国連サミットで採択された「持続可能な開発のための2030アジェンダ」の中の目標14に「海の豊かさを守ろう」が示されている。
（7）中央教育審議会第25回特別部会の配付資料（2016年10月）。
（8）中央教育審議会『幼稚園、小学校、中学校、高等学校及び特別支援学校の学習指導要領等の改善及び必要な方策等について（答申）』（平成28年12月21日）。
（9）文部科学省『小学校学習指導要領』、『中学校学習指導要領』（平成29年3月告示）。
（10）文部科学省「確かな学力向上のための2002アピール「学びのすすめ」」（2002年1月17日）。
（11）東京大学海洋アライアンス海洋教育促進研究センター特任准教授（当時）による出前授業「親潮と黒潮の秘密」の一コマ（於宮城県気仙沼市階上小学校）。
（12）東京大学海洋アライアンス海洋教育促進研究センター編『海洋教育のカリキュラム開発―研究と実践―』（日本教育新聞社、2015年）。
（13）日置光久『理科で何を教えるか』（東洋館出版社、2007年）。

第5章 「海洋教育」という物語

田口　康大

1　はじめに

　東日本大震災において甚大な津波災害を経験した日本において、今後、海とどのような関係を築いていくかということは重要な課題である。あらためて確認しなければ気づかないほど、日本は海の恵みに生活を支えられている一方で、海という自然が多大なる怖れをもたらすことも目の当たりにしている。この現実に対応するために、学校教育現場では「防災教育」の充実が進められている。また同様に、「海洋教育」と称される教育も各地域において展開を見せている。語感からすると、防災教育は災害を防ぐことに目的があると多くの人が思うだろうが、海洋教育は喚起するイメージはもちろん、何を目的とする教育なのかがわかりにくい。現実において海洋教育が何を目的とする教育なのかについては、統一的な見解が得られていないというのが実際である。海洋教育とはいかなる歴史的経緯をもつのか。

　古くは海事（商船、海運）教育や水産教育、造船関係の教育が海洋教育と捉えられてきた歴史があるが、現在の展開にとって転機となるのは、2007年に国連海洋法条約に基づき「海洋基本法」が制定されたことである。そこでは、「海洋と人類の共生」を目的に、海洋に関する教育の推進が謳われた。

　　　第二十八条　国は、国民が海洋についての理解と関心を深めることができるよう、学校教育及び社会教育における海洋に関する教育の推進、（略）、海洋に関するレクリエーションの普及等のために必要な措置を講ずるものとする。

海洋基本法における理念は、2008年の第一次海洋基本計画にて具体化され、海洋に関する全般的な教育の充実と、海洋人材の育成教育という2つの方向性とが示される。海洋基本法の制定以降、海洋関係者やNPO法人等による、乗船体験や磯観察などの体験活動は数多く実践されたものの、学校教育での広まりは得られなかった[1]。

　状況に変化が生じるのは、東日本大震災を経て2013年に新たに策定された第二次海洋基本計画においてである。ここにおいて、海洋教育という言葉が明示的に用いられるようになった。さらに重要であるのは、「(7) 海洋教育の充実及び海洋に関する理解の増進」が明記されたことである。海洋に関する理解の増進のための施策すなわち方法として教育が位置付けられていた第一次計画に対し、「小学校、中学校及び高等学校において、学習指導要領を踏まえ、海洋に関する教育を充実させる。また、それらの取組の状況を踏まえつつ、海洋に関する教育がそれぞれの関係する教科や総合的な学習の時間を通じて体系的に行われるよう、必要に応じ学習指導要領における取扱いも含め、有効な方策を検討する」と、「海洋教育」の充実そのものが目的とされた意義は大きい。

　法整備が進んでいる一方で、実際のところ、海洋教育をめぐっては統一的な見解が得られておらず、推進主体や実践者によって、その意味するところや目的が異なっているのが現状である。海に関わる教育活動すべてを「海洋教育」と括っていいのだろうか。

　その状況にありながらも、注目に値するのは、海洋教育という名称において教育活動を進めている自治体が増えはじめているということである。さらには、とりわけ東日本大震災で被災した地域において生じているという事実である。中でも特徴的なのは宮城県気仙沼市の事例である。海洋教育という名称にて進めている教育活動からは、教育の意義そのものを問い直し、新たに意義を構築しようとするねらいが見て取れる。気仙沼市では、どのようなねらいがあり、どのような想いから「海洋教育」という名称を掲げているのか。

2　海洋教育を構築する

　気仙沼市が「海洋教育」に取り組んだ理由とは何か、その際には何が目的とされているのか。

　東日本大震災における津波被害の甚大さが記憶に鮮明である気仙沼市では、2002年から「持続可能な開発のための教育（ESD）」に取り組み、2003年の三陸南地震を契機に防災教育に取り組んでいる。その背景には、三陸南地震では震度5強という、津波被害が想定される強い揺れであったにもかかわらず、津波浸水域の1.5％の住民しか避難していなかったことが、地震後の調査にて判明したことがある。このことに危機感を抱いた気仙沼市危機管理課が、地域への啓発活動に力を入れ、学校と連携した防災教育に取り組み始めた（及川・田口 2015）。ESDの理念と津波防災教育の目的が共通する点が多かったことも、その取り組みの展開に重要であった。しかしながら、東日本大震災の規模は、防災教育での想定やマニュアルを遥かに超える未曾有のものであったために、深刻な被害を受けることとなった。震災後、引き続き、防災教育とESDに力を入れていた気仙沼市教育委員会は、2014年より海洋教育に取り組み始める。

　気仙沼市教育委員会の海洋教育の取り組み始めには筆者も協同的に関わっているが、海洋教育の展開においては当時の教育長である白幡勝美氏の深い洞察が重要であったと感じている。2013年夏に、筆者が海洋教育の調査のために気仙沼市教育委員会に伺った際、白幡は、これまでの防災教育やESDを振り返りつつ、「海」を主題とする教育の不足について語った。例えば、自然現象としての海の特性や、津波のメカニズムなど、自然科学的な視点にて海をとらえようとする学習の不足についてである。また、それとともに、気仙沼市がいかに「海」の恵みと畏れとともに生きてきたのかという歴史の再認識と継承の必要性について話していた。気仙沼市が「海と生きる」というスローガンを再度掲げていることの意味と、そのスローガンを実現させるた

めにも学校教育が重要な役割を担うということを語っていた。
　そもそも気仙沼市では、有数の漁業基地であることや「森は海の恋人運動」があることもあり、海に関わる教育実践が数多くなされている（参考：気仙沼市教育委員会 2010）。特に、漁業体験や養殖体験、水産加工体験、植林体験など体験活動が盛んに行われている。東日本大震災以後は、海に対する忌避感や恐怖感を表わす子供たちや親たちがいることもあり、海に関わる教育や体験活動は行われない状況が数年続いていた。白幡は、以前に行われていたような海に関わる教育活動を性急に復活させることには注意深くあったが、気仙沼市民のアイデンティティは「海と生きる」ことにあり、そのアイデンティティを学校教育から新たな形で構築していく必要があると語っていた。そのような思いに連なったのが「海洋教育」である。
　気仙沼市教育委員会は海洋教育を開始するに際し、「教育研究員制度」を活用することから始めている。教育研究員制度とは、年度ごとに掲げられた研究のテーマについて、教育研究員として任命された幼稚園、小学校、中学校の教員が研究を進めるというものである。2014、2015年の2年間にわたる研究テーマとして、理科を中心とした海洋教育のカリキュラム開発が行われた（畠山・昆野 2015）。
　2015年度からは、「海洋教育推進実践校」として市内の3つの小学校、1つの中学校を指定するとともに、学校と地域との連携・協動による海洋教育を推進するために、「海洋教育推進連絡会」を設置している。その目的は、それぞれの学校が過去に行っていた海洋に関わる体験活動や学習と、現在行っていることを共有し、気仙沼市の海洋教育のモデルカリキュラムを構築していくことにあった。2016年には8つの小学校、3つの中学校が推進実践校として指定され、海洋教育推進連絡会には市内の2つの高校、1つの幼稚園も参加するなど、市全体での海洋教育の推進に組織的に取り組んでいる。特筆すべきは、気仙沼市の教育大綱に海洋教育を位置付けたことである。
　2015年度に策定された気仙沼市教育大綱では、基本目標のひとつのうちで「海洋教育、伝統文化の尊重と国際理解を育む教育等の推進」の項目が掲げ

第5章 「海洋教育」という物語

られている[2]。

> 「海と生きる」気仙沼の歴史や伝統、文化、産業などを学ぶ活動を通して、気仙沼に誇りをもち、積極的に社会にかかわり貢献しようとする態度、国内外で主体的に活躍するためのコミュニケーション能力を育み、自分の未来を切り拓く力の育成に取り組みます。(気仙沼市教育大綱(教育等の振興に関する施策の大綱))

市のスローガンである「海と生きる」を冠とし、海と生きる町の歴史や文化、産業についての学習として海洋教育が位置付けられている。教育大綱の策定にあたっては、被災地としての経験と、復興から地方創生へ向かうことが意識されている。基本理念は「海と緑のめぐみ豊かなふるさとを愛し、創造力に富み、持続可能な社会の担い手として人間性豊かで心身ともに健康な市民の育成をめざし」とあるように、「ふるさと」への意識が強いことがわかる。ふるさとを愛するための手段として、海洋教育が位置付けられていると理解できる。

筆者も委員として参加している海洋教育推進連絡会において、それぞれの学校代表者が一様に話し、問題意識としてあらためて共有されていたことがある。それは、これまで海に関わる体験や学習はしていても、体験内容そのものの意義が先立ち、その営みを支えている基礎的条件について意識的ではなかったということである。気仙沼市が世界でも有数の漁業基地であるという事実は扱われるが、なぜそうであるのか、そうあれるのはなぜなのか。それは、気仙沼に生きる人々にとっては「当たり前」すぎて、その当たり前を生み出している状況を意識的に振り返ることはなかったということである。海と自分たちの生活のつながりが深く密接しているがゆえに、意識されなかったのだろう。2016年度の初回の連絡会(5月16日開催)において、この課題が教員たちに広く共有され、各学校の海洋教育のカリキュラムの根底に、海と自分たちとのつながりの探究を据えることが提議された。2016年11月25

日に気仙沼市を舞台に開催された「第一回海洋教育こどもサミット in 東北」において、気仙沼市の教育長である齋藤益男氏は、「生活においても、学校においても、海に親しむ機会が激減し、海と生きる気仙沼の子供たちの「育ち」と「学び」の危機が憂慮されております」と、気仙沼市の課題を掲げ、海洋教育をとおしてこの課題に取り組むことを宣言している[3]。気仙沼市の海洋教育は、東日本大震災にて図らずも気付かされたこの深い事実、すなわち気仙沼は海と生きてきた町であることを再確認する作業から始まっている。自明でありすぎたために意識されなかった「海」とのつながりの意識化であり、このつながりを確認し継承していくことが、これからの気仙沼のために重要であるという意識である。自然体験を地域の歴史や文化という観点から捉え直す動きも、意識化と継承という目的があるように思われる。この営みを端的に例えれば、過去と未来とをつなぐ現在の構築としての海洋教育とでもいえようか。

3　海との関わりの（再）構築

　気仙沼市の海洋教育の取り組みは、地域の生活や文化と海との関わりについての再確認と未来に向けた再構築と捉えることができるのではないか。地域の歴史や文化を手掛かりとしながら、自分たちと海とのつながりを過去に探り、未来に向けて改めてつながりを表現することが、海洋教育として志向されているように思われる。現在の地点から、過去の様々な痕跡に見出した気仙沼と海とのつながりの意味を、未来に向けて連関させていく行為として、である。このことは、歴史哲学上における「歴史の物語り論」を想起させる。いわゆる言語論的展開の衝撃を受けた歴史学における、「歴史を認識し記述するという営みが、客観的実在としての過去をあるがままに復元する行為ではなく、過去の痕跡を手掛かりとしつつ、それらの痕跡のあいだの意味連関を言語を媒介として表現する」（二宮 2004）物語り論としての歴史認識である。歴史の構築というよりは、創造性が前傾している物語りの構築と捉える

第5章 「海洋教育」という物語

ほうが適当であるだろう。東日本大震災がもたらした甚大な被害を経験した今日においては、海との関わり方について意識せざるを得なくなり、過去にどうであったかを確認するものの、過去のあり方を単純に復元させることはもはや不可能である。だがしかし、文化や民俗、さらには生活の土台である精神性は簡単に捨て去ることもできないということもあり、だからこそ過去に探りつつ、未来に向けた（再）構築をしていこうとする営みは創造的なものであり、物語られるものである。海洋教育は、この物語りの構築の過程に位置付けられているように思われる。東日本大震災において「復旧」や「復興」という言葉が（時には批判されつつも）用いられてきたが、幾分抽象的に言えば、復旧とは単に建物等物理的なものを以前の通りに戻すことだけなのか、衰えたものが再び勢いを取り戻すことが復興であるとすれば、衰えたものとは何であり、何の勢いを取り戻すことなのか。そんな「理屈」を言ってもいられない状況の中で、この隠され押し留められ続けてきた「問い」への応答のために「海洋教育」が位置付きはじめているように感じられる。

　ここで歴史の物語り論について、野家啓一の論を参考としながら、確認をしておきたい（野家 2016年）。歴史の物語り論は超越的な視点から語られる「唯一の正しい歴史」という実体論的観念に対するアンチテーゼとして、アーサー・ダントーによって提出された議論である。論者によって差異はあれども、共通しているのは歴史的出来事の実在性に対する批判すなわち一切の記述から独立した生の歴史的出来事など存在しないということである。歴史は、語り記述する特定の観点（パースペクティブ）を前提するのであり、そこから逃れることはできない。「出来事は物理的事物のように路傍にころがっているものではなく、一つの出来事を同定しようとすれば、何を原因とし何を結果とするかをめぐって、それを確定する「視点」と「文脈」とが要求されるからである」（同前書：313）。そして、この視点と文脈を与えるものが「物語り（narrative）」である。複数の出来事を組織化していく言語行為イコール「物語り」である。物語りの構成単位は出来事であり、複数の出来事を意味連関により因果的に結びつけることによって構成されるのが物語り

である（同前書）。また、出来事は「始め－中間－終わり」という時間的構造を持っており、「始め」は先行する出来事の「終わり」でもあり、「終わり」は後続する出来事の「始め」でもあることから循環構造をもつとされる。始めと終わりを持つ出来事が他の出来事と結びつくことで「物語り」ができるのであり、それは同時に「物語り」という行為でもある。このことを理解しやすくするために、野家は、自然的出来事を例として提示する。自然界には「春雨」や「時雨」、「本震」と「余震」といった区別があるわけではない。それらが区別され出来事として認識されるのは、人間が恣意的に区別を設けるからであり、始めと終わりをもった出来事として人間の物語りの中に組み込むからである。そうすることで出来事として同定するのであり、理解可能な意味を与えることとなる。このことは、「経験」の捉え方とも関わりをもつ。

  偶然的なものは、もちろん、それ自体としては理解不可能である。しかし、人間の生活、あるいは人間の生活の中の特定の主題への連関において、それは特定の、受容可能であるとともに、受容された帰結に寄与したものとして理解しうるものとなる。(Gallie 1964＝2009)

何かしらの出来事が理解可能になるとは、因果連関の中に位置付けられるようになるということであり、その時にはじめて受容可能な「経験」になるということである。古代より人間は、日食や地震といった理解不可能な自然現象を、神の怒りや鯰の大暴れといった形で解釈されることで、受容可能なものとして経験の一部にくり入れてきた。理解不可能なものを受容可能なものへと転換することは、複数の出来事からなる意味連関を形成するということであり、形成することこそ物語りの根源的機能である。受容可能な「経験」となるのは、なんらかの因果連関の中での関係を了解することである。

  「存在するものを語る」人が語るのは、つねに物語である。そしてこの物語のうちで個々の事実はその偶然性を失い、人間にとって理解可能

第5章 「海洋教育」という物語

な何らかの意味を獲得する。イサク・ディーネセンの言葉を借りれば、「あらゆる悲しみも、それを物語にするか、それについての物語を語ることで、耐えられるものとなる。」(Arendt 2006 = 1968)

　感情的な体験を理解可能な出来事として文節化し、経験として受容可能なものとする物語りの機能を示した一文である。物語りとは、文化や産業など人間的な事象から自然現象まで、様々な出来事を受容可能かつ理解可能な経験へと組織化することであると言える。
　このような「物語り」の機能が、気仙沼市の海洋教育の取り組みには含まれているように思われる。海洋教育として行われている実践を2013年から継続して視察するなかで、どの実践においても共通して志向されていると確認されるのが、気仙沼という地域における文化や産業のうちの一つ一つの出来事の意味を確認することであり、海と生きるというスローガンのもとにそれぞれの意味の連関を形成していく行為である。それは単に客観的な歴史を確認するのではなく、一つ一つの出来事を自分たち自身が受容可能で理解可能な経験へと組織化する行為だからである。「海と生きる」という明確なスローガンが置かれ、海と人との関わりという「観点」が作り出され、教師はこの「観点」につねに立ち返り、自然体験活動や学習活動の関連を図りながら授業計画を立て実践していく。この行為自体がひとつひとつの出来事の意味連関を形成していく行為となっている。
　教師が意味連関を図りながら計画した授業において、子供たちも同様に意味連関を形成しながら「物語り (narrative)」、独自の「物語 (story)」を構成していくこととなる。気仙沼市の海洋教育は、海に関わる文化や産業などの出来事を「物語」として構築する「物語り」の行為であるとも言えよう。構築されるのは、気仙沼市における海との関わりという物語とともに、子供たち自身のそれぞれの物語である。子供たちはそれぞれが自身の思考や感覚に基づきながら、ひとつひとつの体験や学習を個別の「物語（り）」として形成していくが、ここで重要なのは、個別の「物語（り）」は二重の意味に

おいてオープンエンドで外に開かれているということである。ひとつには、物語が、始め－中間－終わりという構造を持つ限り、終わりを作るためには、他の始まりがなければならず、他の誰かによって終わらせてもらわなければいけないということである。物語は他者によって補完されなければならない。同様に、海洋教育をとおしてひとりの子供たちが形成する物語もまた、物語りを受け取る他者がいなければ完結しないのであり、それを受け取った他者の物語りもまた他の他者に受け取ってもらわなければならず、構造的には永遠に完結することなく循環し続けることになる。

　もうひとつには、気仙沼市の海洋教育の根本的な理念が「海と生きる」であり、海洋教育がその理念の実現化にあるとすれば、その実現はつねに「行為」としてのみあり続け、完結することがないからである。決して完結できない物語（り）の構築としての海洋教育は、「東日本大震災」として「歴史」とされる一方で、大人や子供に関わらず、生じた事態を「歴史」とすることができず、その括りの中からはみ出ているような無数の出来事や出来事になりかねている現象、受容可能かつ理解可能となっていないもの、すなわち物語となっていないものが多数にあるだろうと思われる状況においては、人々の存在に安定をもたらす根源的な支えとなりはしないだろうか。気仙沼という地域の大きな物語（り）の構築の過程は、気仙沼に生きる個人の小さな物語（り）の相互交錯を可能にし、受容可能になっていないものを受容可能にし、理解可能になっていないものを理解可能にする契機となるように思えるからである。気仙沼市における海洋教育は、気仙沼市の海との関わりの再確認と再構築にむけた過程である一方で、他者の物語（り）と出会いながらの個々人の物語（り）の形成を可能とする公共的な空間の創出であるとも言えよう。

4　おわりに─海洋教育とは何か

　今一度、海洋教育とは何かを問うてみたい。海洋教育という名称にて多様

な実践がなされている現状、何らかひとつの目的へと海洋教育を収斂させることは得策ではないだろう。とは言え、海洋教育という名称のもとに様々なアクターがそれぞれの目的を含みこむ状況が望ましいとも言えない。立ち返るべきは、「海と人との共生」という基本理念であろう。この理念はあくまで理念でしかないために、それを実現化させるためには具体的な方法と内容が必要となる。そこに海洋教育は位置付いており、海と人との共生という理念を実現させるための営みが海洋教育なのではないか。何にも増して重要なことは、海と人との共生という理念をどのように捉えるかであり、どのように形作るかということである。海と人との共生をいかにデザインするか。ここには唯一解はなく、地域によってそのデザインの仕方も異なれば、時代によっても異なるだろう。「海」を狭く捉えれば、このデザインは沿岸部のみに限られるものと映るだろうし、地球温暖化や水産資源の管理などという大きな視点で「海」を捉えれば地球規模での課題となる。また、共生のためには自然科学的な視点はもちろん、文化的な視点も欠かせない。多様な視点でもって、「海と人との共生」という理念を具体的にデザインしていくこと、そしてそのデザインに向けて様々な体験活動や学習を構築していく営みが、海洋教育であるとは言えないだろうか。海洋教育の最終的な目的は、海と人との共生の実現に向けて、その理念自体をひとりひとりが主体化していくことにあるのだろう。それはつまり、海と人との物語（り）と自己物語（り）との多層的な重なり合いであり、海を媒介として世界と自分との関わりを構築していく営みであり、「海洋教育」の物語りである。

注
（1）『小中学校の海洋教育実施状況に関する全国調査－報告書』（日本財団・海洋政策研究財団、2012年）を参照。海洋基本法の認知度は23.9％、第28条については4.3％。海洋教育の認知度は29.2％である。
（2）気仙沼HP・教育委員会・気仙沼市教育大綱（教育等の振興に関する施策の大綱）：http://www.kesennuma.miyagi.jp/edu/s162/010/010/010/020/20161128185925.html.（最終アクセス　2018年10月1日）。
（3）「第1回海洋教育こどもサミット in 東北　実践事例集」より。

引用・参考文献

及川幸彦・田口康大「防災としての海洋教育―海と人との持続可能な形での共生のために―」（東京大学海洋アライアンス海洋教育促進研究センター編『海洋教育のカリキュラム開発―研究と実践―』日本教育新聞社、2015年）361〜381ページ

及川幸彦「気仙沼の事例から―東日本大震災復興とESD」（『ビオシティ2014―持続可能な未来のための人づくり：ESDと環境教育の10年』No.59、2014年）30〜38ページ

気仙沼市教育委員会編『気仙沼市ESD　カリキュラムガイド〈第3版〉小中学校編：環境教育を基軸としたESDカリキュラムの開発と実践』（2010年）

気仙沼市教育委員会・宮城教育大学・気仙沼市立学校教頭会編『気仙沼ESD共同研究紀要：持続可能な社会を担う児童・生徒の育成をめざして』（2011年）

気仙沼市教育委員会・宮城教育大学・文部科学省・日本ユネスコ国内委員会編「メビウス〜持続可能な循環Mobius for Sustainability 2002-2009」（2009年）

中良子編著『災害の物語学』（世界思想社、2014年）

中谷三男『海洋教育史』（成山堂書店、2004年）

二宮宏之「歴史の作法」（二宮宏之編著『歴史はいかに書かれるか　歴史を問う　2』岩波書店、2004年）1〜60ページ

野家啓一『物語の哲学』（岩波書店、2005年）

野家啓一『歴史を哲学する―七日間の集中講義』（岩波書店、2016年）

野家啓一「「物語り」を生きる」（『物語りのかたち』ミルフィユ　8、せんだいメディアテーク、2015年）

畠山友一・昆野玄「『海と生きる』気仙沼市の海洋教育―唐桑小学校と大島小学校での実践事例―」（東京大学海洋アライアンス海洋教育促進研究センター編『海洋教育のカリキュラム開発―研究と実践―』日本教育新聞社、2015年）149〜160

廣野喜幸「伝えることのモデル」（藤垣裕子・廣野喜幸編『科学コミュニケーション論』東京大学出版会、2008年）125〜142ページ

牧野篤『社会づくりとしての学び：信頼を贈りあい、当事者性を復活する運動』（東京大学出版会、2018年）

山名淳・矢野智司編著『災害と厄災の記憶を伝える：教育学は何ができるのか』（勁草書房、2017年）

Hannah Arendt, Between Past and Future, Penguin Books 2006（1968），p.257

W. B. Gallie, Philosophy and the Historical Understanding, ACLS History E-Book Project, 2009（1964），p.69

第6章　タンチョウ保護と共生のための湿地教育

野村　卓

1　はじめに

　湿地の保護・保全のための教育を、大型鳥類との共生をとおして展開可能性を整理する湿地教育の可能性を検討するために、本章ではタンチョウの保護と共生の取り組みに注目して報告をおこなうこととする。
　ここで取り扱う「湿地」とは、ラムサール条約が定義する「天然のものであるか、人工のものであるか、永続的なものであるか一時的なものであるかを問わず、更には水が滞っているか、流れているか、淡水であるか、汽水であるか、鹹水（かんすい）であるかを問わず、沼沢地、湿原、泥炭地又は水域をいい、低潮時における水深が6メートルを超えない海域を含む」ものとます。これらを保護、保全を進める過程で、大型鳥類との共生のための教育（市民、住民の学習）として「湿地教育」を捉える。
　2018年現在、日本には50のラムサール条約湿地が存在している。そのうち、北海道には13の条約湿地が存在しており、この中でも北海道東には網走市・小清水町の「濤沸湖」、別海町・標津町の「野付半島・野付湾」、釧路市の「阿寒湖」、根室市・別海町の「風蓮湖・春国岱」、釧路市・釧路町・標茶町・鶴居村の「釧路湿原」、浜中町の「霧多布湿原」、厚岸町の「厚岸湖・別寒辺牛湿原」の7湿地が存在する。今回の主な対象となる湿地は「釧路湿原」である。環境省によれば、「釧路湿原」は、湿原の80％はヨシ・スゲ群落とハンノキ林が広がる低層湿原に分類される。タンチョウのみならず、カモ類、ハクチョウ類の越冬地でもあり、中継地にもなっている。また、シマフクロウ、オジロワシ、オオワシが生息する湿原でもある。

この「釧路湿原」が開拓され、酪農地帯に変貌し、住宅地や社会資本も整備（電線や道路整備など）されたことによって、タンチョウのみならず、大型鳥類とこれにつらなる動植物に大きな影響を与えてきた。タンチョウは、生態系の頂点に立つ動物である。タンチョウの保護と回復、そしてその共生は、地域産業と自然との持続的発展の基礎になるものと言える。これら共生のための湿地教育の可能性を、タンチョウへの様々な取り組みを通して明らかにしていく。

2　タンチョウとは、どのような鳥なのか

　タンチョウは北海道に生息する留鳥である。しかし北海道のみに生息しているわけではなく、タンチョウの野生個体は、2000年には世界で3,000羽程度生息しているとされ、国際自然保護連合（IUCN）や日本のレッドデータリスト（絶滅危惧Ⅱ類）にも挙げられている希少種である。また、留鳥としたが、これは議論が分かれる。渡り鳥の"渡り"をどのように定義するかによっては、タンチョウは北海道内を越冬地と繁殖地（営巣地）に分けており、2カ所を移動するので渡り鳥ということもできる。本章では、正富宏之氏の定義に基づき、北海道に生息する留鳥としておく。このタンチョウは、2000年に日本で1,800羽以上生息し、このうち800羽程度が北海道東地域に生息していた。

　タンチョウは古来より日本や北東アジア諸国において、長寿や吉兆の象徴とされてきた。一般的にタンチョウヅルと呼ばれることが多いのだが、生物学上の和名はタンチョウである。この呼び方は江戸時代に遡る。当時は「たんてう」と呼ばれたり、「トウツル」「マツル」とも呼ばれていた。

図6-1　タンチョウの様子

（出典：正富宏之『タンチョウそのすべて』2000年から抜粋）

第6章　タンチョウ保護と共生のための湿地教育

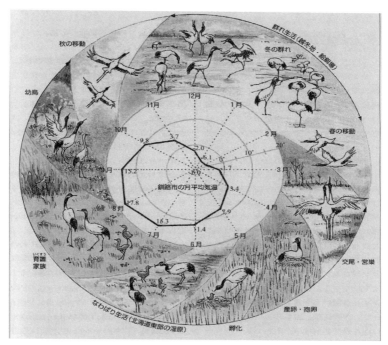

図6-2　タンチョウの1年（釧路）
（出典：正富宏之『タンチョウそのすべて』2000年から抜粋）

アイヌ語では「サロルンチリ」「サロルンカムイ」と呼ばれ、"ヨシ原の鳥"や"ヨシ原の神"という意味になる。地域によっては「サルルン」とも言われるが、これはマナヅルをさす場合もある。

　タンチョウは、2000年には大陸の北東アジア地域で1,300羽程度生息しているとされ、大陸ではアムール川（黒龍江）とその支流域で繁殖し、冬には長江の中国東海岸域や朝鮮半島の非武装地帯で越冬していることが確認されている。北海道のタンチョウは北海道の十勝、釧路、根室管内及び国後島、歯舞諸島に及ぶ範囲で繁殖、越冬している。冬の主な給餌場は鶴居村中雪裡、下雪裡、釧路市阿寒、音別などで行われている。タンチョウの生態は**図6-2**を参照。冬のあいだは釧路地方の給餌場を中心に群れを作って生息している。

春になると釧路湿原や十勝、根室の湿原へペアを組んで分散して生息する。この頃から繁殖のためになわばり生活になり、営巣、産卵、抱卵と続く。孵化し、夏になると育雛し、幼鳥まで成長する。秋になると移動し、やがて越冬地となる給餌場へ集まり、群れ生活に戻っていく。このようにタンチョウは北海道東と集合と分散の移動を繰り返して、生息している。タンチョウの幼鳥は生まれた翌年の3月頃まで親と一緒に過ごすが、その後独立して、成鳥になるには3年程度を要す。

　タンチョウは、ツル目ツル科タンチョウ属に属し、学名はGrus japonensisである。世界には4属15種のツルが存在するが、タンチョウの近種には、アメリカシロヅル、クロヅル、ナベヅル、オグロヅルがいる。タンチョウには亜種は存在しない。体長はオスがおおよそ135〜140cm、メスがおおよそ125cmで、オスの方が大きくなる。体重も成鳥で6〜10kg程度になる。

3　タンチョウと食物連鎖

　タンチョウを中心とした食物連鎖を概観しておこう。図6-3によると、タンチョウは小型動物を餌にすることから、湿地における高次消費者であり、植物も餌にすることから低次消費者にも位置づく。干潟や湿地の動植物を餌として、干潟や湿地で生活が完結するのである。生産者としての耕地、草原、樹林の植物、高層湿原の植物、低層湿原の植物、河川、湖沼、干潟の植物がそれぞれの低次消費者（節足動物や軟体動物など）により消費され、これが高次消費者としての哺乳類、鳥類、両生類、魚類、爬虫類により消費され、タンチョウへと連鎖していくのである。しかし、現在のタンチョウは湿地生態系を形成している食物環からはみ出しながら、生息、繁殖している状況に置かれている。これは、明治維新以降の開拓に始まる干潟、湿地に対する人間の生活圏の広がりに根本的な原因がある。タンチョウは、人間に生活圏を奪われ、狩猟の対象とされながら、生息数を減少させ、ギリギリのところで生存してきた。保護の対象になって以降、その生息数を回復させながらも、

第 6 章　タンチョウ保護と共生のための湿地教育

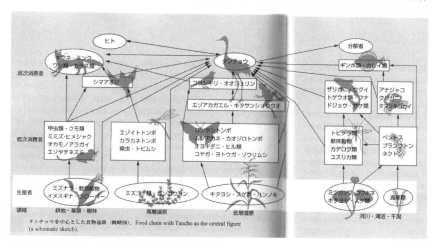

図6-3　タンチョウを中心とした食物連鎖
(出典：正富宏之『タンチョウそのすべて』2000年から抜粋)

人間の生活圏に入り込み、社会資本や人に馴れることで、新たな危険に直面するようになっている。

　正富宏之氏は冬の餌不足に伴う給餌により、タンチョウが家禽への道を歩まざるを得なくなっていることに警鐘を鳴らし続けてきた。タンチョウ自身が望んだことではなく、人間の生活圏拡大に伴い、人間および人間社会に適応することで生存を図ってきたと指摘する。

4　タンチョウ保護と羽数増加の歴史

　本節ではタンチョウに対して、どのような保護が行われてきたのか、整理する。**図6-4**を参照すると、江戸時代の具体的羽数は不明であるが、明治期に入って大きく減少していることがわかる。1889年（明治22年）になって、漸く狩猟禁止令が発布されるようになった。しかし、その後もタンチョウの羽数が回復することはなく、タンチョウの存在すらも忘れ去られようとしていたのである。1926年に、道東でタンチョウの目撃情報が寄せられ、斎藤春

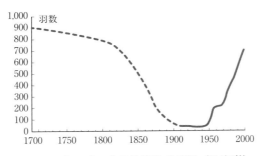

図6-4　タンチョウの生息数の推移（北海道）
（出典：正富宏之『タンチョウそのすべて』2000年から抜粋）
注：点線は推定数。

治氏により実地調査が行われた。調査報告書が公開されるに先立ち、道東のタンチョウ生息域の一部を禁猟区として設定した。この実地調査においても羽数は20羽を超えないと推測された。1935年には「釧路丹頂鶴蕃殖地」の天然記念物指定のための調査が行われ、そこでは14羽～25羽との報告であった。正富宏之氏によれば十勝地方や根室地方にもタンチョウの生息が古老などの話として伝わっていたようである。1935年には釧路國丹頂鶴保護会が発足し、餌の散布や愛護思想普及が行われ、タンチョウの餌を荒らす雑鳥の駆除まで実施されるようになった。それでもタンチョウは増加しなかった。太平洋戦争に突入すると、保護会の活動は停滞した。敗戦後の1946年には保護会の活動が再開され、啓蒙運動や給餌が再開された。同時にタンチョウの生息する地域の農家が自主的に給餌を試みるようになった。1950年には阿寒町において人の給餌したコーンに餌付くタンチョウが確認されるようになった。1952年には道東が稀に見る大雪と寒波に見舞われたことによって、野生のタンチョウが給餌に適応する機会にもなったようである。この時期に確認されたタンチョウは33羽であった。この頃からタンチョウ保護の主事業は冬の餌不足解消に置かれることになった。ここからタンチョウの羽数が急激に回復していく。また、タンチョウ生息域の農家を中心に給餌人制度が作られ、冬季や春秋の移動期に給餌が行われるようになった。これにより1960年代前半には

第6章　タンチョウ保護と共生のための湿地教育

180羽、1970年代半ばには200羽に増加した。しかし、この頃から増加が停滞する。正富宏之氏は、因果は不明としながらも、1960年代の開発行為に伴う環境破壊と原野商法に原因があるのではないかと指摘している。

タンチョウは、2000年頃には800羽程度まで回復した。羽数を増やす場合、生まれてくる幼鳥の数を増やす対策と共に、死亡する個体数が減り、生き残る個体数を増やす対策が必要である。このため、死因を明らかにする必要があった。その結果、死因のトップは電線事故であり、次いで列車や自動車と衝突する交通事故であった。

表6-1　北海道における野生タンチョウの生息数（冬期）

年度	タンチョウの総数	幼鳥数
2000	771	92
2001	887	119
2002	898	122
2003	950	104
2004	1,008	124
2005	1,101	122
2006	1,213	127
2007	1,248	132
2008	1,324	131
2009	1,243	137
2010	1,267	159
2011	1,471	192
2012	1,437	135
2013	1,450	160
2014	1,550	167

（出典：タンチョウ保護研究グループ・ホームページから抜粋）
注：1）2000年度から2012年度は、正富宏之氏を中心とした任意団体及びタンチョウ保護研究グループが行った調査結果である。
　　2）2013年度、2014年度はタンチョウ保護研究グループが50羽単位で集計し、発表した数

電線事故死は主として衝突死であるが、感電死もあった。1960年代から70年代後前半までは、少ない年で年1羽程度が電線事故で死亡していたが、多い年は年20羽（1971年）も事故死し、平均すると年13羽が電線事故死していた。特に幼鳥の事故死の割合が高い傾向があった。

タンチョウの衝突死、感電死防止の対策として電力会社の協力で電線を目立たせるための管を配置したり、プレートを取り付け、タンチョウが避けることができるようにした。タンチョウ保護研究グループ（以下、RCC）によれば、2000年以降のタンチョウの生息数は**表6-1**のようになっている。これによると、2000年の771羽から2008年の1,324羽まで順調に増加していく。ところが2009年、2010年には1,250羽前後に減少し、停滞する。2011年には1,400羽を超え、2014年には1,500羽を超えている。幼鳥数は2000年の92羽から、

年度毎の変動はあるものの、微増傾向で推移し、2014年には幼鳥が167 羽確認されるようになった。

5　タンチョウ保護の課題

　RCCは、増加してきたタンチョウとの持続的な共生関係の構築の前提として、9つの課題を挙げている。①湿地の消失、②繁殖地の悪化、③高密度化、④集中化、⑤多様性の欠如、⑥農業への加害、⑦衝突事故、⑧農薬・重金属汚染、⑨人馴れが挙げられている。

①湿地の消失は、タンチョウの営巣場所として主にヨシで構成された低層湿地を選択するが、人間の開拓、開発事業により、未だに湿地が失われているということ。

②繁殖地の悪化は、湿地が失われなくても、湿地の水供給システムが変化し、乾燥が進んだりして餌となる動植物の生育種や量に変化が起こることや、洪水などの自然災害が発生しやすくなっていること、開拓に伴い、人間生活が近接する事態が発生しているということ。

③高密度化は、タンチョウの繁殖期を念頭に置いた指標であり、湿地の消失や繁殖地の悪化により、繁殖番いの面積あたりの密度が高まる状態をさす。繁殖番いの高密度化は、繁殖の成功度合いを低下させる可能性がある。

④集中化は、タンチョウの越冬期を念頭に置いた指標であり、特定の給餌場への集中している状態をさす。集中化は伝染病の蔓延の危険性や汚染物質の集団接種により、個体数を激減させる危険性を有する。

⑤多様性の欠如は、ボトルネック効果により、タンチョウの遺伝的多様性が小さく、伝染病や汚染物質の摂取に対する抵抗性が低い可能性をさす。ボトルネック効果とは、日本のタンチョウは絶滅の危機に瀕し、20数羽まで減少した過去に起因し、個体群が有してきた多様な遺伝子が失われて、遺伝的多様性が低いままの状態をさす。

第 6 章　タンチョウ保護と共生のための湿地教育

⑥農業への加害は、農作物への食害や家畜に対して怪我やストレスを与えることをさす。農業を基幹産業とする地域住民が、タンチョウに対して、"困った鳥"や"迷惑な鳥"と捉えるのみならず、はっきり"害鳥"と認識される可能性があり、この一連のネガティブな評価を引き起こすことで、今後の保護・保全活動に地元理解を得られなくなる可能性がある。

⑦衝突事故は、電線や列車、自動車などに衝突し、タンチョウが死亡したり、怪我をしたりすることをさす。また、衝突された人にとっては、ネガティブ評価の起因ともなる。

⑧農薬・重金属汚染は、農薬、特にフェンチオンによる死亡例や猟銃の銃弾として鉛が使用されたりすることで、鉛中毒死を引き起こしたり、水銀などが蓄積する状況をさす。多様性の欠如が懸念される中で、深刻な事態を引き起こす懸念がある。

⑨人馴れは、長年の保護活動により個体数を回復し、その過程でタンチョウが人間に馴れる状態をさす。給餌活動や湿地の減少などにより、餌の摂取、確保の為に人間の生活圏に近接したり、入り込むことで、農業への加害や衝突事故を誘引する。

6　タンチョウとの共生の課題

　タンチョウの生息域が人間の生活圏にまで広がってきて、農業への加害や衝突事故などが発生し、かつタンチョウの生息数が増加している。改めて人間はどのようにタンチョウと向き合えば良いのだろうか。RCCは2つの提言を行っている。それはタンチョウの"自然回帰（野生復帰）"支援と、生息域の"分散"支援である。

（1）自然回帰（野生復帰）支援

　人馴れをどのように抑制するかのポイントは、これまで給餌によって増殖が図られてきたタンチョウに対して、給餌方法を改良し、かつ給餌場を人工

物の少ない場所に移設すること。そして十分な収容力のある自然地を維持したり、新たな生息環境を造成したりすることを柱にしている。また、少々手荒いが、人間の生活圏に入ったタンチョウを追い払ったり、嚇かしたりして近づかせないようにすることも含まれている。これらを実現し、持続可能な支援体制とするには、行政、教育、研究機関の協力や住民の意識改革と住民参加、観光への対応などの支援が必要になる。一方、タンチョウが生息していくために十分な収容力のある自然地の維持・拡大が求められ、湿地、湿原を維持したり、開拓地を湿地に復帰さることが求められる。

（2）分散支援

　自然回帰支援による湿地の維持や復帰は、タンチョウの生息圏を守るだけでなく、増えたタンチョウを分散させていく上で重要である。正富欣之氏は北海道の過去の営巣地周辺の植生を基にして営巣適地モデルを作成し、北海道内で営巣に適する場所を推定している（正富 2015）。北海道東地域以外では、オホーツク海岸沿いの湖沼や湿地、道北は稚内の大沼周辺やサロベツ原野、道央は勇払原野のウトナイ湖とその周辺が適地とされている。

　更に、これまで開発された原野を戻す"自然再生"事業も必要になってくると正富欣之氏は指摘している。開拓以前の湿地に比べて、現在残されている湿地は当時の3割程度であり、開発された原野の再生は重要な事業になるのである。

　次なる分散のための課題は具体的な方策である。分散の第一段階として、現在の給餌場所での給餌方法や給餌量を制限し、他の場所で餌を探すように促すこと。RCCは、給餌量制限だけでなく、元々は人馴れを改善するために人と距離を置くための給餌法として考案された"にお（ニオ）"設置を勧めている。

　これら①自然回帰、②分散支援は、将来的にはタンチョウの道内移動（渡り）だけでなく、江戸時代の記載に見られるように、日本中を渡る可能性も秘めている。

第6章　タンチョウ保護と共生のための湿地教育

7　おわりに―鶴居村から

　鶴居村は、1885年（明治18年）に釧路市から27戸が下雪裡に農業移住したことに始まる。大正中期までには、岩手県、香川県などの本州からの団体移民が相次ぎ、680戸を数えるまでになった。1927年（昭和2年）にはタンチョウが天然記念物に指定されることとなった。

　1937年（昭和12年）には、天然記念物タンチョウが生息・繁殖する地帯に因み、「鶴居村」と称した。1952年（昭和27年）にはタンチョウが特別天然記念物に指定される。その後、パイロット事業等の開発が進み、酪農業を中心とした産業が形成されていった。

図6-5　鶴居村の概要図

（出典：タンチョウコミュニティ、総合地球環境学研究所「鶴居村における農業者
　　　へのタンチョウに関する聞き取り調査報告書」2016より抜粋）

1980年（昭和55年）には釧路湿原がラムサール条約に登録され、1983年（昭和58年）にはタンチョウセンターが建設された。

　1985年（昭和60年）にはタンチョウまつりが開催されるようになり、タンチョウ鶴愛護会も発足した。このタンチョウ鶴愛護会は、1987年（昭和62年）に山本有三記念の郷土文化賞を受賞した。同年には鶴居・伊藤タンチョウサンクチュアリがオープンした。1993年（平成5年）には、鶴居村でラムサール条約釧路会議が開催された。2003年（平成15年）の鶴居村でのタンチョウ生息一斉調査で500羽を超える羽数を確認した。3年後の2006年（平成18年）のタンチョウ生息一斉調査では、1,000羽を突破した。

　2016年（平成28年）には鶴居村タンチョウ愛護会は第70回愛鳥週間で環境大臣賞を受賞した。

　一方で、基幹産業である酪農業も発展し、1976年（昭和51年）に牛乳生産量2万トンを達成し、1982年（昭和57年）には3万トン、1991年（平成3年）には4万トン、1999年（平成11年）には5万トン、2008年（平成20年）には6万トンを超えるようになった。2015年（平成27年）には耕地面積9,640ha（経営耕地面積9,040ha）の内、普通畑1,081ha、牧草地7,816haと85％以上を牧草地が占めている。総農家数106戸で、農業就業人口274人になっている。この内、基幹的従事者は249人で9割を超えている。農業産出額も54億4千万円の内、畜産が52億円であり、産出額の95％以上を酪農が占めている。

　このことからも、タンチョウの増加と酪農業の発展が重なりあう中で、タンチョウを通した自然と人間との軋轢が表面化し、自然と人間との共生が喫緊の課題として捉えられる地域になっていると言える。

　ここでは鶴居村のNPO法人タンチョウコミュニティの音成邦仁氏と総合地球環境学研究所の菊池直樹氏らが2016年（平成28年）に鶴居村の農業者に対するタンチョウに関する聞き取り調査報告書の結果を通して、農業者のタンチョウへの思いと共生に関する考えを整理していく。聞き取り調査に回答した農業者は89名であり、殆どが農業経営者であることを考えると、鶴居村農家の8割以上の回答を得た資料ということができる。

第6章　タンチョウ保護と共生のための湿地教育

　表6-2を参照すると、タンチョウに対する農業者の意見と生息個体数に対する評価との関わりでコメントが整理されている。これによると、回答数の最も多かった「いなくなったらさびしい（いてほしい）」とのコメントでは、生息個体数の評価は、「少ない」「多い」「ちょうどいい」に意見が分散している。一方で、「多すぎは困る」とのコメントでは、生息個体数が「多い」と回答している農業者から多く挙げられている。「観光振興につながっている」「ありがたみを感じない（何とも思わない）」「共存していきたい」のコメントが多く挙げられているが、生息個体数に対する評価はばらつき、関連は不明である。**表6-3**は、保護事業に関する農業者の意見と保護事業に対する評価との関わりでコメントが整理されている。これによると、タンチョウ保護が「過保護」で、保護事業は「不十分」であるとの意見が最も多く、次いで「観光客へのマナー啓発の強化」がつづく。観光客と保護事業との関わりをみると、「わからない」の回答が多くなっている。これ以外は「自然に任せる」「これまではOK」「数のコントロールが必要」「保護のあり方を考えてほしい」「行政の取り組みが不十分」「現場を見てほしい」などが続く。

　報告書の見解としては、タンチョウの「種としての個体数は必ずしも多くはないが、鶴居村では多い」とし、「鶴居村における適正な個体数は生息している状況を望んでいる」と指摘している。これを元に、保護事業の考え方の共有、鶴居村での適正な個体数の共有、観光客対策が重要と考えている。

　これらのことから鶴居村ではタンチョウとの共生を考えていく上で、酪農業の発展と個体数の増加が、彼らに具体的な共生の課題を提示し、課題共有へ進む原動力（学び）になっているということができる。この課題は観光振興や将来の担い手育成の課題まで広がりを見せており、農業者のみならず、行政、観光業者、学校関係者が参集し、鶴居村のまちづくりとして、地域協働枠組みが模索されるようになっている。長沼町と鶴居村の子どもたちとの交流事業も実施されており、タンチョウを起点とした大人の学習、子どもの学習が多様に展開され、課題の共有、課題解決の模索、様々な村民の参画が展開されるようになっている。これらのことから、大型鳥類を念頭においた

表 6-2　タンチョウに対する農業者の意見

	計	生息個体数に対する評価			
		少ない	ちょうどいい	多い	わからない
いなくなったらさびしい（いてほしい）	24	7	5	8	4
多すぎは困る	14	2	1	10	1
観光振興にはつながっている	13	4		6	3
ありがたみを感じない（何とも思わない）	13	2	4	4	3
共存していきたい	11	2	4	3	2
頭がよくなった（たくましくなった）	5	1	1	3	
鶴居村は住みやすいのだと思う	2	1		1	
タンチョウは悪くない（人間のせい）	2		1	1	
よく見るようになった（距離が近くなった）	2		1	1	
生態系から別離している	2			2	
天然記念物だから手が出せない	2			2	
地域にとっては害鳥	2			1	1
うまく存在を活用できていない	2				2
もっと増えてほしい	1	1			
タンチョウは同じ住民	1	1			
知らないことも多い	1			1	
大切にしていかないといけない	1				

出典：タンチョウコミュニティ、総合地球環境学研究所「鶴居村における農業者へのタンチョウに関する聞き取り調査報告書」2016年より抜粋

表 6-3　保護事業に対する農業者の意見

	計	保護事業に対する評価		
		適当	不十分	分からない
過保護	14	3	9	2
観光客へのマナー啓発の強化	12	3	2	7
自然に任せる	5	1		4
これまではOK	3	3		
数のコントロールが必要	3	2	1	
保護のあり方を考えてほしい	3	2	1	
行政の取り組みが不十分	3		3	
現場を見てほしい（現状を知ってほしい）	3		3	
はじめたからには最後まで給餌すべき	2		2	
感染症の調査実施	2		1	1
近隣市町村との話し合い	1	1		
鶴見台の後継者問題の解決	1	1		
観光振興対策	1		1	
死体保存場所の確保	1		1	
むしろ分散させない	1		1	
農家の声を伝えてほしい	1		1	
保護活動は続けてほしい	1			1
もう少し様子を見守ってもいいのではないか	1			1
子どもたちへの普及強化	1			1

出典：表6-2と同じ

第6章　タンチョウ保護と共生のための湿地教育

湿地教育アプローチが地域再生、まちづくり学習と連動して、地域の持続的発展へと展開することを示すものということができるのである。

引用・参考文献

北海道地方環境事務所・釧路自然環境事務所「タンチョウ生息地分散行動計画」2013年

環境庁・農林水産省・建設省「タンチョウ保護増殖事業計画」1993年

環境省釧路自然環境事務所「タンチョウ生息地分散行動計画の策定について」2013年4月24日報道発表資料

共同通信「環境省、タンチョウの給餌終了へ」2016年7月28日

正富宏之「タンチョウヅルの生態」(『自然』26巻、3月号、1971年)

正富宏之「森林と自然保護　タンチョウ」(『地方林業』25巻5号、1973年)

正富宏之「タンチョウの冬の群れ」(『遺伝』48巻2号、1994年)

正富宏之「「この鳥を守ろう」の現在(第26回)タンチョウ　数が減ったのは狩猟・越冬地の消滅・繁殖地の消滅のため」(『私たちの自然』38巻5号(通巻426号)、1997年)

正富宏之『タンチョウ　そのすべて』(北海道新聞社、2000年)

正富欣之「〈講演会〉タンチョウとシマフクロウの最新の研究活動について」(NPO法人タンチョウ保護研究グループ会誌26号、2015年)

百瀬邦和「タンチョウ(1)過去の経緯と現状」(『モーリー』30巻、2013年)

百瀬邦和「タンチョウ(2)増加による問題」(『モーリー』30巻、2013年)

NPO法人タンチョウ保護研究グループ・ホームページ(2016年12月1日)

NPO　法人タンチョウ保護研究グループ「北海道における野生タンチョウの冬期確認数一覧」2014年

NPO　法人タンチョウ保護研究グループ『会誌』第1号から29号、2007年9月から2016年11月

NPO　法人タンチョウ保護研究グループヒアリング資料　2016年

NPO　法人タンチョウコミュニティ・総合地球環境学研究所「鶴居村における農業者へのタンチョウに関する聞き取り調査報告書」2016年

正富宏之「タンチョウヅルの生態」(『自然』26巻、3月号、1971年)

正富宏之「森林と自然保護　タンチョウ」(『地方林業』25巻5号、1973年)

正富宏之「タンチョウの冬の群れ」(『遺伝』48巻2号、1994年)

正富宏之「「この鳥を守ろう」の現在(第26回)タンチョウ　数が減ったのは狩猟・越冬地の消滅・繁殖地の消滅のため」(『私たちの自然』38巻5号(通巻426号)、1997年)

第7章　ツルに関わる環境教育・活動の意義
—鹿児島県出水市—

農中　至・酒井　佑輔

1　はじめに

　特定の言葉、それも特定の銘柄の「焼酎」のような類ではなく、「動物」の名前からその地方が連想されるケースは鹿児島県下でも大変珍しい。もちろん「カツオといえば…」という地域は南薩地方の枕崎市、旧山川町（現指宿市）などをはじめ存在するが、とりわけ鳥類、「ツル」に限っては出水市をおいてほかに存在しない。その意味で、鹿児島の県民意識にとどまらず、九州の観光地イメージとして「ツル＝出水市」という定式化が成立しているといってよい。出水市には、毎年10月中旬から3月にかけて1万羽を超えるツルが飛来する。国の特別天然記念物であるツルが間近で見られるということもあり、毎年冬には国内外から観光客が訪れ、ツルやそれと共に越冬する野鳥の観察を楽しむ。ただし、ツルの飛来シーズンを除けば、出水市を自発的に訪れるケースは少なく、観光地として気軽に訪問するという印象は弱い。夜間の観光スポットという点でも、女性やおしゃれな若者は寄り付きにくい街であり、一定の年齢以上のとりわけ男性であれば飲み歩く場所も多い街という特徴がある。昼間の観光スポットという面からみても、気軽にいけるカフェ、雑貨店や衣料品店、食事場所などは容易には見つからず、出水市役所前を走る国道447号線から国道3号線に抜ける間は典型的なロードサイド店の光景である。マクドナルドのほか、ユニクロ、ブックオフもある。

　出水市の文化圏は熊本県に近く、自動車の場合、市内からわずか30分程度で水俣市の中心街へ到着する。2016年2月の調査の夜に入った飲食店で働く、10代後半から20代前半とおぼしき女性従業員は、買い物やレジャーなどは圧倒的に熊本市に向かうことが多いと教えてくれた。また、出水市立図書館の

郷土資料コーナーには水俣病関係書籍も多く、水俣市の市立水俣病資料館の館内資料には出水市における水俣病患者の存在が記録されている。

記録文学者の上野英信は、炭鉱労働者のその後を追うために訪問した出水市で、つぎのような出会いを果たしている。この記録は1961年5月のものだとされているので、1950年代後半から60年代初頭の様子をつかんだものだろう。炭鉱坑内でのダイナマイトの爆発でケガを負ったKさんの家を出たあとの描写である。

> いたたまれないような気持でKさんの家をでるとわたくしは、ふたたびY青年の案内で米ノ津港へ向かった。米ノ津は不知火海に面した、戸数四百あまりの、眠りこけたように静かな漁村であった。しかしその静けさは平和な眠りのそれではなく、死の恐怖におおわれた静寂であった。例の「水俣病」と呼ばれる奇病は、今日もなおこの小さな漁港の住民たちの中枢神経を侵しつづけていた。一週間前にも一人死んだという。昨日もまた一人発病したという（上野 1973）。

ここにでてくる米ノ津港とは出水市を流れる米ノ津川河口にあり、出水市と水俣市のちょうど境界に近い港である。また、米ノ津港の最寄りの肥薩オレンジ鉄道・米ノ津駅の北側のつぎの駅は袋駅であり、この駅はもう水俣市である。この記述から、出水市と水俣市との近さがわかるだろう。本章では、こうした特徴を有する出水市における湿地を活用した教育、すなわち特別天然記念物であるツルとのかかわりで展開する教育実践・活動について論じる。

具体的には、出水市でツルに関する環境教育に取り組む学校の教育活動、社会教育施設の教育実践に注目し、それらの関係性を踏まえつつ、実践的課題と今後の発展の可能性について検討する。なお、インタビュー調査を、出水市ツル博物館クレインパークいずみ（クレインパーク）、旧出水市立荘中学校（2017年4月に出水市立荘小学校と統合され、義務教育学校出水市立鶴荘学園）の関係者に対し行った。それらのデータが基になっていることを確

認しておく。

　本章では、鶴を「ツル」と表記する。これには一般的に鶴のイメージが「白い鶴＝タンチョウ」である場合が多いのに対して、出水市の場合は「ナベヅル」や「マナヅル」などの必ずしも白くない鶴をみることが多いからである。ここで「ツル」とするのは、こうした一般的な鶴イメージとの差異を強調するためでもある。

2　出水市立荘中学校の「ツルクラブ」による環境教育と郷土意識の醸成

　2006年、出水市、高尾野町、野田町の1市2町が合併して現在の出水市となった。2015年現在、小学校は休校を含め、全14校、中学校は休校を含め7校である。2017年には義務教育学校の「鶴荘学園」が誕生し、高等学校は5校（私立高1校、県立女子高1校（県内唯一））、特別支援学校が1校となっており、高等教育機関はない。出水職業訓練校、出水郡医師会准看護学校があるものの、高校卒業後の進学のためには市外へ出ていかざるを得ない状況である。

（1）「ツルクラブ」の誕生と活動

　こうした背景をもつ出水市には「ツルクラブ」という取り組みがある。このクラブは荘中学校（現鶴荘学園）と高尾野中学校にある。ツルクラブの活動は目立っており、出水市ツル観察センターでは各中学校生が作成した報告集も目にする機会があるほか、映像ブースではツルクラブの生徒たちによるツルの羽数調査・保護活動の様子をとらえた動画が流れている。また、市内各担当部署を訪問した際にも、ツルクラブという語がたびたび聞かれ、典型的なツルに関わる教育活動として挙げるべき取り組みである。

　郷土史資料によるとツルクラブのはじまりは、1960年に北九州市立大学の古賀一夫教授（生物学）と野田中学校の前原教諭、出水市観光課、ツル保護

監視員らによって行われた合同羽数調査である。1963年には、野田中学校・荘中学校・高尾野小学校が合同で「出水地区ツルクラブ校打合せ会」を実施し、保護対策や調査についての話し合いを行ったという。当時は比較的盛んに行われていたようである。1966年には希望者が集まり、荘中学校で同クラブが正式に発足した。この特徴は「学校の教育方針に基づく特別活動としてのクラブ活動」として開始された点である。発足当時、同校教頭・佐藤三郎が指導にあたり、3年生の部長ほか約10名の部員がいた。活動は11月から3月までのツルの飛来時期に行うというように、「季節クラブ」という特殊なものであった。ツルクラブの活動は、主に早ければ10月からの羽数調査や家族構成・分散状況調査、調査結果等をまとめた「つるの声」の発刊（年1回）や、後述のクレインパーク設立以降は、そこでの学習、ツルに関する詩や短歌を詠むこと等が挙げられる。羽数調査には、地元の「野鳥の会」のほか、「鹿児島県ツル保護会」も協力しており、その結果は公式記録として公表され、給餌や保護活動に利用されるという。また、ツルの餌になるコメの二番穂を収穫しそれを届ける宮崎県国富町立森永小学校との交流（1979年から開始）や、1989年8月22日の出水市・釧路市姉妹都市盟約締結を機に、①タンチョウ生息域の自然環境の見聞、②釧路市青少年交流を目的とした「釧路湿原研修」等も、1990年度からツルクラブの2年生を対象として取り組まれている。

(2)「ツルクラブ」の転機

1990年代にツルクラブには大きな変化がもたらされる。変化の1つに、当時環境庁によって実施された1996年の東干拓におけるねぐらの新規設置が挙げられる。これによって、荒崎と東干拓の二カ所に保護区が変わった。当該年度、荘中学校ツルクラブ・高尾野中学校ツルクラブ合同の荒崎・東干拓2地域調査が実施され、1997年度からは高尾野中学校ツルクラブが東干拓の羽数調査を担当することになった。つまり、90年代以降ツルクラブの活動する環境が、ねぐらの新規設置によって大きく変化したということである。

また、1990年代から進行した少子化は、ツルクラブに変化をもたらした。

ツルクラブは、それまで学年単位で行われていたが、1992年以降の荘中学校の生徒数減少に伴い全校生徒で関わるように変化していき、ツルクラブの打ち合わせや羽数調査等の活動は、「総合的な学習の時間」に位置づけられるようになった。今日では、ツルの羽数調査は荘中学校ツルクラブ・高尾野中学校ツルクラブ・鹿児島県ツル保護会・給餌管理人・ツル博物館学芸員のほか、日本野鳥の会会員等のボランティアが実施している。調査の日程は、2016年現在、隔週休日を原則に、11月から1月の間、いずれも土曜・日曜日等に合計6回行われている。雨天等のため中止になることもある。羽数調査は、荒崎地区の総羽数を荘中学校ツルクラブが、東干拓地区の総羽数を高尾野中学校ツルクラブがそれぞれ受け持ち、両地区の数を足し算する方法で出水平野の総数としている。その総数から、ツル保護会・ボランティアで計測したマナヅルやクロヅル等の少数種の数を引いて、ナベヅルの数を算出している。

　1990年代以降、①ねぐらの新規設置、②少子化によるクラブの変質などの変化を経て、今日にもつづく歴史ある取り組みがツルクラブの活動である。

（3）「ツルクラブ」の教育的意義

　こうした歴史をもつツルクラブの活動の意義は、まず環境教育実践としての価値が挙げられるだろう。荘中学校のツルクラブは、これまで全国小学校・中学校環境教育賞奨励賞（1999年と2001年）や全国野生生物保護実績発表大会の文部科学大臣奨励賞（2005年、2010年）、野生生物保護功労者環境大臣賞（2009年）、コカ・コーラ環境教育賞優秀賞（2009年）、学校自慢エコ大賞エコ活動部門優秀賞（2012年）等を受賞しており、取り組みが高く評価されてきた。

　ツルクラブでは、活動報告会やクレインパークのボランティアガイド活動等を通じて、生徒が学び獲得した知識を発表・説明する機会が多い。また、国内外のメディアによる取材等も頻繁にあり、活動は出水市内外のまなざしに常にさらされることになる。こうした環境下で、荘中学校（現鶴荘学園）

の３年生の多くは、取材の際など自信をもって羽数調査の取り組みやツルの生態系について話すことができるようになる。

　生徒たちは単に教員や学芸員等からツルやそれを取り巻く出水市の環境・生物多様性について学ぶだけではなく、学んだ知識を他者へと伝達し、教える立場にも頻繁におかれることになる。こうして、親族や学校外の他者のまなざしにさらされることで、ツルとともに暮らす出水市の自然環境の豊かさあるいは価値が当たり前ではないということを理解するようになる。

　ツルクラブにはまた、世代を超えて地域を巻き込みながら郷土意識の形成に寄与するという側面がある。生徒のなかには、かつてツルクラブで羽数調査を経験した親や祖父母がいるものもおり、荘中学校PTA役員のなかにもまたツルクラブ経験者が存在するという、環境教育経験の循環サイクルが地域で成立している。そして、ツルクラブの取り組みは、小学校のころから認識されてもいる。近年ツルクラブでは、荘中学校を卒業した高校生ボランティアも2007年以降受け入れているが、１・２年生に呼びかけると多くが参加し、３年生となり就職が決まった卒業生も手伝いにきてくれるという。さらに、早朝から実施される羽数調査時には、以下のような取り組みが恒例となっている。

　　　中学生のクラブ員たちは、冬の早朝五時二十分ごろには学校に近くのJA荘支所前に自転車で集合して、準備を始める。保護者も周辺の道路に立ち、ツルが車のヘッドライトに驚いて飛び立たないように、通行する車に減光をお願いしている（出水市郷土誌編集委員会編 2004）。

　シーズン最後の羽数調査の後には、PTA主催の慰労朝食会が開かれ、保護者有志が豚汁を振舞う恒例行事があり、荘中学校生徒と教員、地域との交流も進められている。つまり、ツルクラブの活動は、家族や地域のなかで深く根付き世代を越えて受け継がれており、それ自体が地域や郷土に対する思いを醸成しつつ、地域の人びとをつなげる役割を果たしていると考えられる。

第7章　ツルに関わる環境教育・活動の意義

3　「出水市ツル博物館クレインパークいずみ」の地域と世界を結ぶ役割

　出水市には、ツルクラブによる学校教育現場の取り組みのほか、社会教育施設における実践も存在する。その一例がクレインパークの取り組みである。
　クレインパークは1995年4月に開館した。既に確認した通り、ツルのねぐらが増設され、出水市で少子化が進行していた時期である。2016年現在、館長（1名）と次長（1名）、出水市の職員（4名）、臨時職員（5名）の11名が勤務している。開館当初は出水市企画部の所管であったが、後に教育委員会へと所管が移った経緯もあり、社会教育・生涯学習にも幅広く取り組んでいる。また、近年では2010年に鳥インフルエンザが発生したこともあり、調査・研究にも重点が置かれる状況となっている。
　「出水市ツル博物館クレインパークいずみの設置及び管理に関する条例」（2006年施行）によれば、クレインパークが行う事業としては、（1）ツルその他の鳥類に関する資料の収集・保管・展示、（2）博物館資料に関する専門的な調査研究、（3）特別天然記念物ツルの保護等、が定められている。中心的な取り組みとしては、①実験教室や博物館講座等の主催事業、②ツル・野鳥等に関する出前講座、③ツルや自然科学に関する企画展示、④学校職員向け研修、⑤出水市教育委員会が各学校へ配布する副教材「出水のツル」改訂への助言、⑥ツルの羽数調査や学会参加等の研究・調査活動である。この他にも、学校・自治体関係者向けのツルに関する情報提供などが挙げられる。おもしろ実験教室や昆虫教室等の主催事業のなかには、学校教員に依頼して実施されるものもあり、なかにはキャンセル待ちが出るほど人気の講座もある。また、学校やPTA等の依頼を受けて実施している出前講座も昨今増えているという。こうした取り組みからわかることは、クレインパークが出水地域の核となり、ツルに関する環境教育を実践しているということである。
　注目すべきは、同館による国際的な研究・市民レベルでの交流である。たとえば、北東アジアにおけるツル類の現状と課題の情報共有や、ツルの保護

活動と国際協力の促進を目的として、国内外の研究者が集まり議論する「国際ツルワークショップ」を2004年、2014年の２回開催している。また、2015年12月から2016年１月には、出水市制施行10周年記念事業として「国際ツル絵画展〜ツルが結ぶ絆〜」を開催している。出水市内の小中学生からは948点の応募があり、入賞した41点の作品と飛来するツルと関係の深い地域から寄せられた作品の合計116点が展示され、国際交流事業となった。出水市での展示終了後には、山口県周南市、韓国順天市、モンゴル国を巡回している。

　出水市の小中学生は、出水市教育委員会が実施する「ツルガイド博士検定」を通じてツルに関する知識を有してはいるものの、実物を時間をかけて丁寧に見る機会がそれほど多くはなく、なかにはマナヅルやナベヅルを見分けられない子どももいるのだという。したがって、ツルを観察して描くという行為では、ツルの細部までみる必要があるため、ツルやその生態系、人との関係性をより丁寧に把握するための一助ともなっている。また、ロシアやモンゴル国などのナベヅル・マナヅルの繁殖地と、中継地としての他のアジアの国々、そして、出水市が姉妹協定を結んでいる韓国順天市や中国等の越冬地との交流関係を通じて、地域によってツルを取り巻く生態系が異なること、ツルと自然と人との関係性が異なること、他地域の自然環境の悪化、狩猟対象としてのツルの存在等、幅広い視点からツルを理解することができる。このような事業は、出水市のツルとヒトとが共生する地域的特性を、世界との関係性のなかに位置づけ直し、ツルが地域に存在することの意味や価値を考える機会を創出しているものといえる。このことは、自らが生まれ育った出水市と世界との比較を促し、出水のツルとヒトとが共生する自然環境の意義を学習可能にする環境教育実践にもなっている。

4　おわりに

　荘中学校のツルクラブの活動とクレインパークにおける近年の実践に注目し、それらの関係性を踏まえつつ、取り組みの実態について述べてきた。最

第7章　ツルに関わる環境教育・活動の意義

後に、それぞれの取り組みの実践的課題と今後の発展の可能性について検討しておきたい。

　ツルクラブはこれまでにも多くの表彰を受けており、全国的な評価は高い。またツルクラブの経験が世代を超えて受け継がれるなど、学校が多世代住民の記憶を媒介する装置となっている点は意義深いものがある。しかしながら、羽数調査をはじめとする取り組みについては、質的な改善や取り組みそのものの見直しが十分に進められてきたとは言い難い。また、教育活動の評価の高まりとは裏腹に、ツルクラブ担当教師の過重負担が常態化してきた面もあるといえるだろう。1990年代、少子化による影響からツルクラブは活動形態の変化を余儀なくされたが、少子化の進行と教員の多忙化を前に、ツルクラブのあり方そのものを今一度見直す時期に差し掛かっている。保護者や住民によってツルクラブの経験とノウハウがある程度地域の共有財産になったとみてよい今日、学校が主要な受け皿とはならずに、地域そのものがツルクラブの取り組みの受け皿となるべき時期に来ているといえるのではないだろうか。たとえば、学校での取り組みを、①これまでのツルクラブの活動の歴史的意義の吟味、②羽数調査方法の妥当性の検証（現行の羽数調査の方法は適切か否か）、③ツルクラブの再価値化に向けて見直すべき点の検討などに限定し、活動そのものを科学的に捉え直し、より深い学びの契機とする必要があるのではないだろうか。三世代に渡る経験の蓄積は、学校に以上のような役割を担わせるに足る地域的環境教育遺産というべきものではないか。ここには活動のさらなる発展の契機が存在するといえる。

　一方、クレインパークでの実践も、根本的な見直しが求められている。これまでクレインパークが社会教育・生涯学習の施設として大きな役割を果たしてきたことは間違いないが、施設整備上の問題や改修工事の必要など、財政出動を要するハード面の課題が予想される。他方、この間、学校教育との連携事業の推進と継続など、地域社会のなかでもクレインパークによる啓発事業の成果があらわれているはずである。いま、この活動の意義や価値をあらためて評価し、役割の再定義を進める時期に来ているのではないだろうか。

これまでの事業や活動は高く評価されるべきであるが、地域経済や産業構造の変容、子どもの発達環境や地域住民の就労環境の変化、人口減少の進行など、持続可能な地域社会を真に実現するためになにをなすべきかと問わなければならない、抜き差しならない事態が確実に進んでいる。特に、経済的な持続可能性という観点から言えば、出水市は赤鶏農業協同組合やマルイ農協グループ等が存在する全国屈指の養鶏地帯であり、冬に飛来する野鳥やツルは鳥インフルエンザの感染リスクをもたらす害鳥として認識される現状も忘れてはならない。であるからこそ、鳥インフルエンザの感染予防やリスク拡散を求める企業との相互理解に向けた取り組みや連携は進めていく価値があるだろう。また、近年になり諸外国から野鳥観察を目的とした観光客が多く訪れるようになっていることからも、出水市観光協会や商工会議所等と協働した地域の経済活動へとつながる環境教育事業の推進なども十分に考えられる。以上のように、持続可能な出水市の未来のために、クレインパークが今後どのような固有の役割を担いうるのかという点からの、施設そのものの再定義が求められているといえるのではないか。市町村合併から10年を経た今、これから先を見据えた施設の望ましい在り方とはなんなのか、地域住民の暮らしと生活の視点に立った回答が求められている。出水の環境教育の価値を次世代に継承するためにも不可欠な作業である。

〔**謝辞**〕本調査では、出水市ツル博物館クレインパークいずみ、出水市立荘中学校（現鶴荘学園）の関係教職員のみなさんにご多忙のなか協力いただいた。心から感謝申し上げる。

引用・参考文献
出水郡役所編纂『出水郡誌　全』(1923年 (1973年復刊))
上野英信『日本陥没期　新装版』(未来社、1973年)
出水市郷土誌編集委員会編『出水郷土誌』下巻 (2004年)
南日本新聞社『南日本新聞朝刊　若い目　荘中学校　時吉瞳美「ツルガイド博士」』(2016年1月5日)
南日本新聞社『南日本新聞朝刊　児童に考える場を公害教育工夫凝らす』(2016年11月7日)
鹿児島県出水市立荘中学校ツルクラブ『第36集　つるの声』(2015年)

第8章　地域づくりと「湿地の文化」教育

佐々木　美貴

1　はじめに

　水や空気がおいしく、経済活動が活発で災害が少ない地域に住み、身体も心も健康な暮らしをしたいと、多くの人々が願っている。「湿地」は、そうした地域と暮らしを支えるものの一つである。ラムサール条約と関連の諸決議は、すべての湿地において、その保全と持続可能な利用を勧め、地域の人々による、湿地を活用した地域づくりを後押ししている。

　日本にはラムサール条約登録湿地をふくむ多様な湿地があり、各地域で、湿地を飲料・生活用水、漁業、農業、観光業、工業、憩いや学びに、持続可能な方法で利用している。

　しかし、一部には、荒れていたり、保全と利用が対立させられたりする所もある。そこで、湿地の保全や活用、対話や研究、計画づくりなどを調和させて捉える「湿地の文化」と、人々の間でそれを共有する「湿地の文化」教育が重要になっている。

2　湿地を活かした地域づくり

　湿地を持続的に利用した地域づくりの情報交換の場の一つに、ラムサール条約登録湿地関係市町村会議の「学習交流会」がある。

　この学習交流会では、これまで「地域活性化」「地域づくり」がテーマとなってきたが、第10回学習交流会（2018年度）では「自然環境を活かした地域づくり」が基調講演のテーマとなった。岡田知弘（京都大学/自治体問題

研究所理事長）は、「地域」とは次のようなものだと述べた。

①固有の自然と一体になった経済活動を基本とする人間の生活領域

「地域とは、固有の自然と一体となった『人間の生活領域』であり、経済活動の本来的行為である『人間と自然との物質代謝関係』が展開される領域」である。それは、「自然的条件に規定された生産・生活様式とともに、『人間的自然』の形成を行う」場所である。

②自然環境＋建造環境＋社会関係

「個別地域」の「構造」は、「自然環境＋建造環境（土地と一体になった生産・生活手段）＋社会関係（経済組織、社会組織、政治組織）」からなる。この構造が全体として「特定地域の環境・景観の形成」を導く。

つまり、「地域」とは、基本的に、地形や気候などの自然環境に規定されているもので、自然環境が「地域」の第1の構成要素である。その上に、人間が自然との物質代謝を根本とする、土地の特性と結びついた生産と生活の手段としての「建造環境」が加わる。この「建造環境」＝人間の手が加わった自然を基盤とする生産・生活環境が、地域の第2の構成要素である。そして、第3の構成要素として、「社会関係」がある。これは、1）経済組織、2）社会組織、3）政治組織からなる（**図8-1**）。

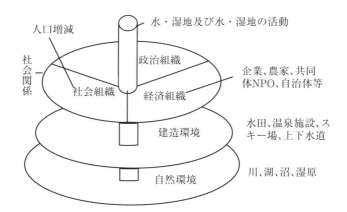

図8-1　個別地域の構造（岡田の講演に基づいて筆者が作成）

第8章　地域づくりと「湿地の文化」教育

③住民の一人ひとりの生活の維持と向上に決定的役割を果たす地域内再投資力

　このような地域の理解に立つと、「地域が豊かになる」ことは、「住民の一人ひとりの生活の維持と向上」を意味する。そのためには、「地域内再投資力が決定的に重要」であり、企業、農家、協同組合、NPO、地方自治体などの地域内経済主体が、毎年地域に再投資を繰り返すことで、仕事と所得を生みだすことが重要である。

④再投資規模（量）と、個別的な産業・企業・地域景観作り（質）の向上が鍵

　地域内再投資力を高めるためには、「再投資規模（量）と、個別的な産業・企業・地域景観作り（質）の向上が鍵」となる。これが、地域経済の自律性・自治体の財政力強化、生活・景観・自然環境の再生産と国土保全を導く。つまり、ここで、保全と持続的利用とが両立するということになる。

⑤地域の重層性

　しかし、「地域」は集落や街区で完結してはいない。人や物資、貨幣、情報で他の個別地域と繋がって成立している。とくに現代のようなグローバル時代では、地域は、「集落・街区レベルから『世界経済』レベルまで」「狭域的な貨幣・物質循環からグローバルな循環まで」の重層構造として成立している（図8-2）。

　湿地に即して「地域の重層性」を考える場合、集水域や商品の流通などの例がわかりやすい。例えば、琵琶湖は滋賀県にあるが、琵琶湖疎水や宇治川を通じて、京都や大阪に生活用水を供給している。琵琶湖の汚染は、京都や

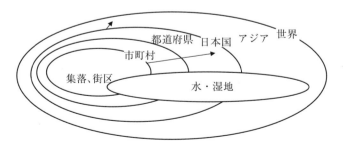

図8-2　重層的な地域構造（岡田の講演に基づいて筆者が作成）

大阪の人々の生活環境の悪化に直結する。また、「海は森の恋人」と言われるように、森から供給される栄養塩が、川や地下水系などを通じて海に入り、カキやホタテの成長を支えている例も多い。北海道猿払村の干ホタテ貝が香港での高級品であり、宮城県大崎市の湿地の産物である日本酒「伯楽星」がフランスに売られているように、国境も越えている。

このように、湿地に関わる「地域」にとっては、水の循環や集まる範囲、上流から下流・海までの集水域や、世界に広がる湿地の産物の市場も重要である。

⑥「地域づくり」と、地域学・自治体立研究所と、生涯にわたる学びの重要性

このような「地域」の構造と重層性を踏まえて、岡田は、「地域づくり」とは、市町村等の「地域（まち、むら）の意識的再生産」過程だと言う。意識的な再生産過程を進めるためには、しっかりした「処方箋」づくりが必要である。そのためには、自治体職員や住民が地域を知り将来を見通せる「地域学」、社会教育の場、自治体立の常設研究所が重要となる。これが、創造的職員と創造的住民を育てあうからである。

3　「湿地の文化」を活かした地域づくりと「湿地の文化」教育

(1) 湿地の保全と持続的利用を両立させる「湿地の文化」

「地域づくり」を湿地にそくして進めるには、「湿地の文化」が重要となる。

①ラムサール条約が内包する地域づくりの論理

ラムサール条約は、その前文・条文や締約国会議「決議」などで、先住民や地域の人々の生活習慣を大切にした、湿地の保全とワイズユース及びCEPA（Communication, Capacity Building, Education, Participation and Awareness）の大切さを強調してきた。

これを実際に進める場合には、一定の生活空間や自治体などの行政区で取り組む必要がある。したがって、ラムサール条約の本体や締約国会議の決議・勧告には、「湿地の保全・ワイズユース・CEPA」を使った地域づくりの論

第8章　地域づくりと「湿地の文化」教育

理が内包されている、といえる。

②一部だけの強調は地域づくりを妨げる

　しかし、保全、ワイズユース、CEPAのどれかを一面的に強調し、他を排除する傾向も、一部にあることも事実である。例えば、「ラムサールは鳥の条約なので、鳥の生息地としての湿地の保存を優先すべきだ」「ラムサール登録湿地には人は入ってはいけない」という議論である。この主張は、条約の趣旨とは相容れない。悪意はないが、自分たちの関心事を優先するあまり、こうした主張をする人は、現在もいる。

　このような主張は、「地域づくり」を妨げる。なぜならば、これは、「地域」から建造環境としての経済の施設・活動・組織を排除するからである。

　例えば、「自然」としての水鳥の飛来を強調して、干潟や池・沼や水田を水鳥の生息地としてのみ意味あるものだと主張する。そして、100年以上、干潟や池や沼で行われてきた漁業や潮干狩り、海水浴、蓮の花や葉・蓮根の収穫、観光行事の「蓮祭り」を、ラムサールや自然保護の名の下に邪魔扱いする。あるいは、水田における鳥の食害を「鳥が先に来て人間が後から来たのだから仕方がない」と言う。こういう論法では、自然環境としての水鳥と、建造環境としての漁場・海水浴場・干潟、ため池や沼、水田での経済活動等が、対立させられてしまう。「水鳥とノリ養殖との両立」「コウノトリと水田耕作との共生」等が、地域づくりのためには大切なのである。

③湿地の保全と利用、CEPAの鼎立を目指す「湿地の文化」

　そこで、「湿地の文化」という発想とその定義が生まれ、発展してきた。

　2008年に、日本国際湿地保全連合（Wetlands International Japan：WIJ）が「湿地の文化」プロジェクトを開始した。そこには、次のように狙いが書かれている。「『湿地の文化』についての議論は、世界各国の自然環境や文化伝統を踏まえて多様であることが好ましい。日本では、ある人は保全を強調し、ある人はワイズユースを、ある人はCEPAを強調して、互いに連携できていないことも少なくない。そこで、このプロジェクトでは、生活および3要素のつながりを意識した。」（辻井他 2012）

そして、「湿地の文化」を次のように定義した。「一定の地域における人々によって受け継がれ、発展している生活様式であり、そこには、『保全・再生の文化』『ワイズユースの文化』『CEPAの文化』が含まれる」

（２）「湿地の文化」調査と「湿地の文化教育」

　そして、「湿地の文化の名称および地域」「概要」「目的」「歴史」「管理と技術」「湿地の保全・再生との関係」「ワイズユースとの関係」「CEPA（対話、学習・教育、参加、啓発）との関係」「類似の文化と技術」の８項目が設定された。チームは、動物学、植物学、社会教育学、元環境省管理職、元条約事務局員、水鳥・湿地センター職員、NGO職員など、多様な専門家で構成された。

　調査結果は、『湿地の文化インベントリー』と『湿地の文化と技術33選～地域・人々とのかかわり～』（2012年）、『湿地の文化と技術　東アジア編～受け継がれた地域の技と知識と智慧～』（2015年）として日本語、英語、中国語で刊行された。ここには、「類似の文化」を加えた150を超える事例が収録された。それらは、「保全・再生の文化」「ワイズユースの文化」（「生命と暮らしを支える」「資源管理」「暮らしを豊かにする」）「CEPAの文化」の３つに分類された。

　調査過程と冊子刊行後に、日本やアジア各地・締約国会議等で、ワークショップとシンポジウムが行われ、広く日本と世界の人々とで情報・意見交換がされ、条約事務局等の取り組みにも影響が表れた。これを通して、「自分たちのところにも湿地の文化はある」「面白い」ことが、各地域であきらかになり、「ローカルインベントリー」も試作され、地元での意見の交換も活発になった。これは、「湿地の地域学」でもあった。

　湿地の文化プロジェクト（2008-2015年）の時期は、市町村会議「学習交流会」（第１回、2009年１月）が軌道に乗る時期でもあった。この事務局やコーディネーターは、湿地の文化のメンバーとも重なっていた。そこで、「地域の活性化」「農業」「観光」等に強い関心を持つ市町村に応えるために、大

第8章　地域づくりと「湿地の文化」教育

江湿原の保全とシカ防除、谷津のアオサ問題、豊岡市の環境経済戦略などの湿地の文化も位置づけられた。これは市町村での地域づくりを促進した。

この時期はまた、日本湿地学会（2008年創立）の立ち上げ期で、辻井は同学会初代会長となり、湿地の文化チームは積極的に発表した。これは『図説　日本の湿地』（日本湿地学会、2017年）の「第Ⅰ部　湿地の恵みを受ける」等に反映され、2018年発足の「湿地の文化、地域・自治体づくり、CEPA・教育部会」に引き継がれている。

これらによって、「湿地の文化」は世の中に広く理解されていったが、「教育」を、認識の共有過程として捉えるならば、これらは「湿地の文化」教育と言える。

4　「湿地の文化」を活かした地域づくりと「湿地の文化」教育の事例

湿地における「地域づくり」と「湿地の文化」教育の概観を踏まえ、4つの事例を紹介する。ここでは、中山間地域の檜枝岐村、地方都市の鶴岡市大山地区、指定都市である新潟市、首都圏の住宅地である習志野市について取り上げる。

（1）多様な湿地の文化の組み合わせによる村づくり―尾瀬・檜枝岐村―

尾瀬の約45％を占める福島県檜枝岐村では、かつて主産業だったブナ材等を使った木工品作りが斜陽化した。そこで、尾瀬や温泉、岩魚養殖場などの多様な湿地の文化の組み合わせによる、観光業を新たな主産業とする、出稼ぎに頼らない村づくりが行われてきた。

本村では、温泉、「裁ち蕎麦」と岩魚を中心とする「山人（やもーど）料理」、希少性が出てきた「檜枝岐歌舞伎」などで、観光客を迎えている。マッターホルンの麓の町・ツエルマットを参考にして、村の景観に統一性を持たせるために屋根の色を統一する条例策定などの努力も行われてきた。また、尾瀬では、景観と水質を守るために山小屋での石鹸使用の自粛、トイレの内容物

の浄化、木道敷設などが、行われてきた。これらの取り組みは、1950年代から役場職員集団と村議会、青年団、スキー部などの「結・ゆい」などによって、支えられてきた。

しかし、1996年をピークとする尾瀬ブーム終焉と2011年の原発事故の風評被害で、観光客は激減した。そこで、人口600人の観光の村を維持・展開するために、年間６千万円の売り上げ増を目標として設定した。

そのためには、かつての尾瀬ブームを支えた若い男女グループに代わる、新しい客層の開拓が求められ、2018年に試みられた「グランツアー（祖父母と孫の尾瀬・檜枝岐での夏休み）」は小規模ながら、申し込みが殺到した。また青年団やスキー部などの「結」が弱まったので、政策作りの担い手たちの新たな「結」の形成も必要とされている。

村へのＵターン促進の点では、「僻地」で約３年間で転出する学校教員が独力で、檜枝岐の歴史をふくむ特色ある湿地の文化を小中学生に教えることが難しく、副読本『檜枝岐村の歴史、暮らし、文化』と『ひのえまた郷土かるた』の制作と、学校、公民館、家庭での活用なども話題になり始めている。

大江湿原に侵入したシカによるニッコウキスゲ食害対策用の防除柵と括り罠の敷設、沼山峠の景観を妨げているオオシラビソの剪定の課題もある。

これらを解決するためには、尾瀬・檜枝岐にある湿地の文化を基盤とする新たな村づくり戦略づくりを、村の内外の人々の知恵を集めて作り共有することが重要である。

その際、経済活動を担っている民宿経営者たちの意見を反映させる仕組みや、商工会の青年部・女性部と観光協会の連携も必要とされている。

そのための一つの方策として、「尾瀬・檜枝岐観光大学（塾）」（仮称）の取り組みも話題になり始めている。ここでは、「山人（やもーど）料理」のレシピ展開の他に、尾瀬にまつわる尾瀬大納言伝説、その娘の万里姫と若者の恋物語、橋場のばんば伝説等を素材とする、新しい物語の創作なども話題となると、想定されている。

（2）鶴岡市「食文化創造都市」と「ほとりあ」の「いのち学」

　ユネスコの「食文化創造都市」である山形県鶴岡市では、地元の食材を活かした地域づくりがさかんである。その大山地区では、良質の地下水を使った酒作りと「麦切」作りが盛んである。そこにある「大山上池・下池」は、約400年前から水田に水を供給しているため池である。上池では、蓮などの水生植物の管理・収穫権をもつ「浮草組合」による盆花やれんこんの収穫などが、行われてきた。そして下池のほとりに、2016年、「鶴岡市自然学習交流館　ほとりあ」がオープンした。これは、「庄内自然博物園構想」に基づいて設置されたものであるが、自然との一体感を享受するための、子ども・市民の自然学習の場として、上池・下池と高館山周辺をフィールドとして設定している。

　構想段階から、地元にある山形大学農学部が積極的に関与し、大山地区の住民も参画して作られたものなので、地元地域に密着した施設運営が行われている。

　施設に隣接する「都沢湿地」には、アメリカザリガニとウシガエルが多く生息しているので、「ほとりあ」では、職員や施設に来る子どもたちが、駆除を目的にそれらを捕獲している。そして、毎年夏休みに小学生以上を対象に、「いのち学」を開催している。これは、子どもと大人が一緒に、外来生物のウシガエルやアメリカザリガニを取り巻く保全管理、解剖、調理・試食により、いのちについて考える講座である。

　また、ほとりあでは、捕獲したアメリカザリガニとウシガエルを市内のフレンチレストランに無償提供している。レストランでは、「カエルはフランスから輸入するほどの高級食材」なので大変喜んでおり、無償提供されているので、「ワンコインから食べられる」料理も出し、「食文化創造都市・鶴岡」に貢献している。地元の食材を活かした料理として、客に提供されている。

　地域の人々の協力により企画・運営されている「ほとりあ」であるが、施設の要としての職員の役割は大きい。専門職員が市町村の職員、立場の違う

地域の人々、学校教員、子どもやユース、お年寄りなどを繋ぐ役割を果たすことが多く、地域づくりの軸になっていることも少なくない。

現在、学芸員資格を持つ嘱託職員1名の他3名の臨時職員がいるが、専門職員の継続雇用が課題となっている。

ほとりあに限らず、同様の施設では、5年の任期付での雇用、昇給なし、社会保険の問題など、職員の継続雇用の課題は大きい。

（3）潟普請と潟環境研究所による「ラムサール条約都市構想～自然と共生する都市」

かつては100近くもあったという新潟市の潟は、埋め立てられて、現在16残っている。西区赤塚地区にある佐潟は、1996年にラムサール条約に登録された。98年に佐潟水鳥・湿地センターができ、その開設時から13年間嘱託職員として勤めたSさんと地域の人々との交流が基となり、地域づくりが行われてきた。その柱の一つが潟普請の復活である。

1960年代まで、佐潟には隣接して水田があり、潟の水生植物が溜まってできたドロを取り除く「潟普請」と呼ばれる一斉清掃によって、ドロは田んぼの肥料になっていた。しかし、60年代以降、「潟普請」は行われなくなり、佐潟は水鳥の生息地として保護され、地域の人々によるかかわりが減っていった。その結果、潟の自然遷移・富栄養化が進んだ。

Sさんは、この状況を変えたいと、地域に住む小・中学生の子どもを持つ父親たちと共に、地域の歴史を調べることをはじめた。地域のお年寄りの話や文献から、以前は「潟普請」が行われていたことを知り、現代版として潟底のドロ上げ、ヨシ刈り、周辺の清掃をふくむ「潟普請」を復活させた。そして現在でも、「佐潟と歩む赤塚の会」「コミュニティ佐潟」などの地元の団体が中心となり、赤塚小・中学校、新潟大学、新潟国際情報大学、潟環境研究所が連携して行われている。

この「潟普請復活」を軸として、潟の恵みを食す「喰らう会」、商工会との協力による「佐潟まつり」や「佐潟村」等が創造され、地域の連携が強ま

った。さらにSさんは、佐潟の他、新潟市にある鳥屋野潟、福島潟、隣の阿賀野市にある瓢湖の4つの連携を模索して、「ラムサールカルテット構想」を立てた。

　このような佐潟での潟普請復活を軸とする取り組みから、2014年に新潟市立「潟環境研究所」が設立された。その目的は、「潟と人とのより良い関係を探求し、その魅力や価値を再発見・再構築」することとされた。そして、「自然環境」「まち」「生業」「暮らし、文化」「歴史、地理」「教育」の6研究分野について、所長、新潟大学からの「客員研究員」、民間の専門家の「協力研究員」らが調査・研究し、2018年にその成果である『みんなの潟学』が刊行された。この中で、所長のOさんは「ラムサール条約都市構想〜自然と共生する都市」を提案し、新たな展開を見せはじめた。

　ところが、2019年度の予算では、研究所予算が大幅に削減された。「今後は自然環境保全の取り組みと潟の魅力発信を一体的に展開していくため、2019年3月31日をもって研究所を廃止し、業務を環境政策課に一元化」（新潟市HPより）すると発表された。今後について、関係者は注目している。Sさんは、2012年に佐潟のセンターを辞め、現在は正規職員として、新潟市の「ビュー福島潟」に勤めている。その後、佐潟水鳥・湿地センターの職員は、数年おきに変わっており、地域づくりに密接には関係していない。ビュー福島潟は、指定管理者制度で運営されていて、数名の専門職員を正規職員として配置している。職員を長期雇用し、地域と密接にかかわった運営をするためには、指定管理者制度は1つの解決策になりうるかどうか、検討が必要である。

（4）ユースプロジェクトをふくむアオサ作戦による谷津干潟の再生への道筋

　千葉県習志野市にある谷津干潟は、東京湾奥の埋め立てられずに残った干潟である。周囲が埋め立てられる中、行き場をなくした水鳥が集まり、1993年にラムサール条約登録湿地となった。翌94年には、習志野市が「谷津干潟自然観察センター」を設置した。

埋め立て前は、海苔養殖や貝採取などの漁業が盛んで、入浜式塩田の時期もあり、地域の人々にとって身近な豊かな干潟だった。しかし、水鳥の聖地となり、人が干潟に入るのを制限されてきた。その後、アオサの繁茂やホンビノスガイの大量発生、それらの腐敗による悪臭があり、市民から苦情が出るようになった。また、上流からの泥の供給がなくなり、干潟環境が悪化して、水鳥の飛来数も減った。

　そのような中、センターでは、過度な立ち入り制限の中で、谷津干潟が地域の人たちの「ふるさと」になるように市民と協力してきた。センターには、鳥や魚などに詳しい専門職員が４〜５人常勤している。彼らは、来訪者の案内や、施設で行われる活動のサポートをしている。小学３年生以上が参加できる「ジュニアレンジャー」は、３段階の研修プログラムで、多くの子どもたちが参加している。また、中学生からシニアまでの多様なボランティア活動が行われている。

　習志野市は、ラムサールに登録された６月６日を「谷津干潟の日」と決め、毎年さまざまなイベントを行ってきた。登録20周年であった2013年には、記録映像『谷津の海』を制作し、「谷津干潟ユースプロジェクト」が発足した。ユースプロジェクトは、近隣の高校の生物部員や、大学生が毎月１回の定期活動に参加し、悪臭の原因となるアオサやホンビノスガイを活用する活動である。これまでに、底生生物調査、アオサの肥料化やアオサによるバイオエタノールづくり、アオサ入り白玉団子づくりなど、行ってきた。これらの活動を、ベテランのセンター職員たちが支えている。

　このユースや多様な活動の蓄積の結果、市民によるアオサ作戦が始まっている。2018年に習志野市・環境省の共催で、約300名のボランティアによる「アオサ除去活動」が実施され、1,650kgのアオサと約100kgのホンビノスガイが回収された。

　施設については、以前は、市が直接運営し、専門職員は日本野鳥の会から派遣されていたが、現在は、指定者管理制度によって運営されている。それにより、約20年間勤めている職員もおり、安定して活動やボランティアのサ

ポートができている。

　現在の習志野市長は、市全体のシンボルとして、谷津干潟を位置づけることを視野に入れつつある。これを実現するためには、市長だけでなく、市議会をふくめた市の主要な政策の中に谷津干潟を位置づけて行くことが、必要となってくる。

　また、専門職員は、谷津干潟だけでなく、東京湾全体での干潟の連携構想を持ち、活動している。これも長期雇用によって実現できる効果であるといえる。

5　おわりに

　人々が心身共に健康な暮らしをするためには、水にかかわる人々の生活様式としての「湿地の文化」が重要な役割をしていることを見てきた。

　それは先ず、人々の願いであるとともに、同時に人々の生活空間としての市町村の願いでもある。

　市町村会議での岡田知弘の講演は、そのことを経済学の視点から裏付けている。すなわち、地域とは「自然環境」「建造環境」「社会関係」の複合体であると岡田は述べているが、「湿地の文化」の視点からいえば、「自然環境」＝自然湿地の保全・活用・CEPAの文化、「建造環境」＝人工湿地の保全・活用・CEPAの文化、「社会関係」＝自然湿地＋人工湿地の総合的なマネジメントの文化であると言うこともできよう。そして岡田は何よりも、社会教育活動や専門家や地域の人々による「自治体立研究所」の重要性を述べているが、それはCEPAの文化そのものである。

　言い換えれば、湿地にかかわる取り組みが、人々の願いに届くためには、こうした視点を持つことが大事だと岡田は述べているといえる。

　ラムサール条約は1971年に採択されてから2018年の第13回締約国会議まで50年近くの実践的理論的な国際協力を経て、保全・再生、ワイズユース、CEPAの三つから成る湿地の文化を、さらに積極的に地域づくりと結びつけ、

地球全体をより良い状態にしていくことを求めるに至った。そして、その中で、「湿地の文化」教育の役割も一段と大きくなっているといえる。

　日本の登録湿地は52か所になり、そこでは職員や地域の人々が中心になって、子どもから大人までの「湿地の文化」教育に取り組んでいる姿が見えてきたと思う。それは、新潟市や東京湾という広域地域づくりを視野に入れ始めている。そこには、専門職員の雇用問題や研究所の安定した運営など新たな課題も見えてきている。しかし、それらは次のステージに向かっての、越えることができるハードルだろう。

引用・参考文献
辻井達一・笹川孝一編『湿地の文化と技術33選〜地域・人々とのかかわり〜』（日本国際湿地保全連合、2012年）
笹川孝一他編『湿地の文化と技術　東アジア編〜受け継がれた地域の技と知識と智慧〜』（日本国際湿地保全連合、2015年）
日本湿地学会監修『図説　日本の湿地』（朝倉書店、2017年）

終章　エコロジストが考える地域の人づくり

江崎　保男

1　はじめに

　ここでは「地域の人づくり」と題して論考を進めるが、その前に自分の立ち位置を明確にしておく必要があるだろう。

　私は生態学者ecologistである。近年、生態学はその裾野をグンと広げた感がある。しかしそもそもは生物学の１分野であり、学問の階層性を紐解くと、個体レベル以下を扱う「生命の科学」とは異なり、生物集団を対象とする「集団の生物学」であり「生活の科学」である。またその舞台は、私たちが暮らす地球表層、つまり生物たちが生活する「生物圏」であり、私たちからみると「身近な自然」ということになる。

　生態学は生物集団を扱う生活の科学なのだから、そこでは私たち人間社会と同様、多様なつきあい（社会）が存在し、生物自身が、持続可能性の基盤（経済）を有しているはずである。そこで、生態学は「生物の社会学と経済学である」と端的に表現できる。このことを明言したのは、近代生態学の祖チャールズ・エルトンである（川那部 1966）。

　さて最近、ちまたで良く使われる生態学用語に「生態系」がある。生態系とは何か？　簡単に言ってしまえば、生態学の舞台である身近な自然、地球表層の生物圏全体をさす。試しに人々が"生態系"というときに、その語を"自然"に置き換えてみるが良い。ほとんどの場合、すんなりと置き換えられるはずである。

　とはいえ「生態系」には当然ながら、「自然」ではすまされない意味合いが込められている。それは「物質循環」の概念である。生態学者が、生態系、

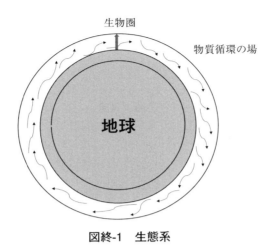

図終-1　生態系

という言葉を使うとき、そこには「物質循環が起きている場」（**図終-1**）という意味が込められているはずなのである（江崎 2007）。

　ところで、物質循環とは何か？　地球表層において、大気と水が循環していることは誰もが知っているであろう。昨日降った雨を構成する水分子H_2Oは、1週間前はヨーロッパにあったのかもしれない。大気を構成する窒素分子・酸素分子、そして、気候変動を引き起こしている二酸化炭素CO_2についても同様である。

　物質循環とは、大気・水と同様に、例えば私たちの体をつくる重要元素である窒素NとリンPが生物圏を循環していることを意味する。なお、Nはタンパク質の原料、Pは遺伝子DNAに欠くべからざる重要元素である。

　まず、NとPは陸域において不足している。前者は大気中にたっぷりとあるではないか、と思われる向きがあるかもしれないが、私たちの食糧を根底でつくっている緑色植物は、土壌中の無機窒素である硝酸塩あるいはアンモニウム塩を利用してタンパク質をつくるのであって、大気中の窒素は、これを直接利用できないからである。またPは、大地を構成する岩石の中に含まれているので、限られた量しか得られない事は、想像に難くないであろう。

したがって、陸域のNとPは放っておくと、河川を流れ降って海の底へ沈んでしまうことになる。しかし、これらも「湧昇」に乗っていずれは海底から海面へと姿を現す。

　そこでサケ科魚類を例にとるとわかりやすいのだが、彼らは河川の最上流域で産卵し、その一生を終える。卵からふ化した稚魚は河川を降り、海域を移動して北太平洋へ到達する。ここでは上記の湧昇により大量の栄養塩が海底から湧き上がっており、莫大な量の植物プランクトン及びこれを摂食する莫大な量の動物プランクトンが存在している。わが国の河川上流域で生まれたサケ科魚類は、この御馳走をたっぷりと食って動物プランクトン体内にあったNとPを我が身に変え、再び生まれた河川上流域へと舞い戻り、そこで産卵し一生を終える。つまり、サケやマスは、北太平洋から大量のNとPを日本の河川上流域へ持ち帰る役割を果たしていることになる。そして一部の個体が陸上動物に捕食されるとともに、残りは死体となって、キツネやタヌキといった陸上哺乳類の胃袋におさまる。そしてこれらが森のなかで糞をすると、もともとあった陸域土壌中に戻り、めでたく物質循環が成立することになるという訳である。

2　理解するということ

　2次方程式「$2X^2-7X+6=0$を解け」という設問があったとする。私たちは皆、中学校で「解の公式」というのを習ったはずであるが、以下のようなことになる。

$$aX^2+bX+c=0 \rightarrow X=\{-b\pm\sqrt{(b^2-4ac)}\}/2a$$

　解の公式を使えば、答えは簡単にでるはずである。しかし「なぜ？」なのかは、ワカラナイ（むろん解の公式も、自力で導き出せるが、覚えている人がどれだけいるだろうか？）。

　では次に、「$X^4-5X^2+4=40$を解け」なら、どうであろうか？

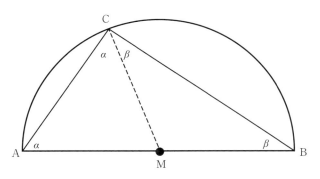

図終-2　ターレスの定理

　与式＝（X²−1）（X²−4）＝（X＋1）（X−1）（X＋2）（X−2）
と因数分解できるので、X＝3とすると、4・2・5・1＝40
となり、めでたく「なぜ？」が理解できるはずである。

　次に、歴史上最初の定理とされる「ターレスの定理」を考えてみよう。ターレスの定理とは「半円に内接する三角形は直角三角形である」というものである。「二等辺三角形の底辺は等しい」という紛れもない事実を使うと、この定理は簡単に証明できる。円の中心点Mを頂点とする2つの三角形、MACとMBCはともに二等辺三角形である→2つの二等辺三角形の底角を $α$、$β$ とすると、内接する三角形ABCの内角の和は180°なので、2（$α+β$）＝180→$α+β$＝90° となり、角Cは直角であり、内接する三角形が直角三角形であることが証明できる（**図終-2**）。

　しかし、「なぜ？」の質問はまだ続く。①「なぜ、二等辺三角形の2つの底辺は等しい」のか？そして②「なぜ、三角形の内角の和は180°」なのだろうか？

　これらの問いに対しては、図に補助線を書き足してやるのが良いだろう。①の疑問に対しては、2等辺三角形の頂点から底辺に垂線を引いてやる。②の疑問に対しては、三角形の頂点を通るように、底辺と平行する線を引いてみる。こうなると後はシメたものである。これらを折り紙でつくり、半分に

終章　エコロジストが考える地域の人づくり

三角形ABCは半円に内接している

三角形の内角の和は180°　　　二等辺三角形の底辺は等しい

角Cは直角

図終-3　ターレスの定理の論理

折る、あるいは、切り取って重ね合わせることにより、①②の言説が正しいことを簡単に確認できるはずである。

　そこで、ターレスの定理の論理展開は**図終-3**のようになるであろう。論理の出発点「三角形ABCは半円に内接している」から結論「角Cは直角である」に至るプロセスには2つのコトが必要であり、それらは「三角形の内角の和は180°」と「二等辺三角形の底角は等しい」である、ということになる。そしてこれら2者は折り紙を使えば（たとえ実際に折らずとも）感覚的に確認できるのは明白である。

　このように（論理は一方向に進むのであるが）、理解するとは「感覚的にわかる」ことに他ならないのは、明白であろう。

　ところで、大前（2016）は、以下のように述べている。「子どもが自立していくためには、言われたことをするだけでは問題がある。さまざまな問題を自分で粘り強く考え解決していく力が要求される〈中略〉そのために、まず、子どもたちに『考える力』を身につけさせてほしい。そのきっかけが自分の疑問を考えることにある。自らの疑問を考えることはもう既に自立への第一歩である〈中略〉だが、自分の疑問を考えることは自分にとって、他のどんなものよりも必然性があり、解決した喜びは大きい。『疑問をもつ』というのは、本来人間に備わっているものである。小さな子どもは、両親に『な

ぜ』『どうして』という言葉を何度も投げかける。その問うことを大事にしてほしい。昔から『大疑は大悟の基』という言葉がある。本当に分かるとは、納得するまで自分の疑問を出し続けることにある。疑問を解決するために予想したり、意味を根拠づけたりする。また、意味を根拠づけるために、人に尋ねたり資料等で調べたりみんなで考えたりさまざまな活動を行う。この過程が重要である。自分自身が試行錯誤しながら、自分の考えを構築していくことになる。だからこそ、疑問を大切だと考える所以である。さらに、よく考えている人は、ひらめきも浮かぶ。よく考えていないとひらめきも浮かばない。つまり創造力を培うことができる。」

「同感」としか言いようがない。自問自答する人々に対して、これを脇から支えることが人づくりである。

3　人間はどういう動物か

1976年、リチャード・ドーキンスは「利己的な遺伝子」を著し（Dawkins 1976）、ダーウィンに始まった自然淘汰に関する論争に決定的なピリオドを打った。ちなみにその前の時代には、「群淘汰論：生物個体は種の繁栄のために生きている」vs.「個体淘汰論：生物個体は自らの子を残すのに必死である」の論争があったが後者の勝利はほぼ確実であり、またウィリアム・ハミルトンによる血縁淘汰（Hamilton 1964）の考えによって、ミツバチの特攻隊が見事に説明され、遺伝子の生残こそが自然淘汰の本質ではないか、との匂いが漂ってはいたものの、世界の生物学者の胸にはなにかもやもやしたものが残っていた。そこへ登場したのがドーキンスであり、彼は遺伝子こそが利己主義の本体であり「生物個体は遺伝子の一時的な乗り物に過ぎない」と述べることにより「コペルニクス的転回」を鮮やかにやってのけたのである。ちなみに彼の論理にしたがうと、現実に競争しているのは「遺伝子あるいは家系」ということになる（江崎 2012）。

ところでドーキンスは上記の書の中で「ミーム」なる概念を新たに提唱し

終章　エコロジストが考える地域の人づくり

た。ミームとは、ギリシャ語で模倣を意味するmimemeを、遺伝子geneになぞらえてmemeと縮めたものであり、「模倣子」と邦訳されている。つまりドーキンスは人間が模倣の動物であり、(文化が)模倣されるべき記憶＝ミームとして代々伝えられ、あるいは忘れ去られるプロセスにも淘汰が働くはずだと考え、ミームの生残も自然淘汰の理論で説明できると主張したのである。

さて、動物としての人間は、サルの幼形成熟（ネオテニー）であり、赤ん坊として生まれたときには、泣くこと以外何もできない存在である。そして親の庇護のもと、言葉・文字を通じて、人間がこれまで培ってきたミームを受け継ぎ、大人としての人間になっていく。

一方、人間と動物を対比するにあたっては、フォン・ユクスキュル（ユクスキュル・クリサート　1973）が唱えた「環世界umwelt」を紹介するのが適切だろう。日高（2003）は、ダニが「まず光、次いで匂い、そして温度、最後に触覚」に対して機械的に反射行動をとることにより獲物に到達するプロセスを評してこう語る。「ダニを取り囲んでいる巨大な環境の中で、哺乳類の体から発する匂いとその体温と皮膚の接触刺激という3つだけが、ダニにとって意味をもつ〈中略〉これがダニにとってのみすぼらしい世界であると、ユクスキュルはいう。そしてダニの世界のこのみすぼらしさこそ、ダニの行動の確実さを約束するものである。ダニが生きていくためには、豊かさより確実さのほうが大切なのだとユクスキュルは考えた」。

このような「確実さ」を保証しているのは遺伝子なのだから、動物一般は「遺伝子のかたまり」と表現できるであろう。これに対して人間は「記憶＝ミームのかたまり」と言ってよいだろう。赤ん坊としてこの世に誕生してから、親・家族・先生などから言語と文字を介して、国と地域の文化を、模倣するべき記憶＝ミームとして受け継ぎ、大人になっていくからである。そしてそこには、国や地域の歴史・伝統のように「不変のものごと」と、「変わる（べき）ものごと」が混在していると考えられる。

4　地域の意識

　まず「地域」とはどの範囲をさすのだろうか？これは一般的には厄介な質問である。「文脈によって異なる」としか答えようがない。ただし、少なくとも国家あるいはそれ以上の範囲を、地域と呼ぶことは多くない。つまり、地域はたいてい国の一部である。逆に、国は地域の集合体である。

　生物学的には、地域は比較的明瞭である。それは「流域」である。流域とは、海に流れ込む1本の河川が水を集める「集水域」のことであり、淡水性の生物たちは一般的に流域内に閉じ込められているからである。コイ・フナ・ナマズといった純淡水魚は、どんなにあがいても一生、そして代々流域から出ることができない。日本のように急峻な山地が流域を形成している国においては、流域は淡水魚だけでなく、移動分散力の小さい動植物一般に対して「袋小路効果」をもっていると考えられる。

　さらに、同様のことが人に関しても言える。わずか数万年前まで私たち人間は、歩き走ることしかできなかった。また、その後の交易が主に船をつかってのものだったことは、良く知られている。ここでも「流域」が交易の単位となったことは想像に難くない。それが証拠に、現代においても方言は概ね流域単位で成立している。

　ここで、私が関わっているコウノトリの野生復帰に触れておこう。日本のコウノトリ*Ciconia boyciana*は1971年に絶滅した。ただし、ここでの絶滅とは繁殖個体群の絶滅をさす。というのは、それ以降も大陸からコウノトリがしばしば冬季には渡ってきており、種としてのコウノトリが絶滅したわけではないからだ。

　国内繁殖個体群の絶滅後、最後の生息地であった兵庫県但馬地方の豊岡では、飼育下繁殖をめざして野外に残っていた個体の飼育が続けられたが、このことの成功は、ロシアから譲り受けた個体によって絶滅後18年を経た1989年になし遂げられた。その後豊岡での飼育個体数は増加し、2005年に兵庫県

終章　エコロジストが考える地域の人づくり

立コウノトリの郷公園によって再導入（放鳥）が開始され、2007年には豊岡市内での野外繁殖が始まった（Ezaki et al. 2013）。

その後、個体数は直線的に増加しており（江崎・大迫、印刷中）、2018年現在、国内には140羽あまりが生息し、13つがいが繁殖している。繁殖は主に豊岡を中心とする但馬地域で行われているが、ここでは今年（2018年）10つがいが繁殖した。そして昨年、徳島県鳴門市で繁殖成功（巣立ち）が始まり、今年はこれに島根県雲南市・京都府京丹後市が加わった次第である。

このように兵庫県但馬地方では、再導入をきっかけとするコウノトリの野生復帰が順調に進んでいるのだが、その進展にはいくつかの壁が存在した。その中の大きなもののひとつに、農家のコウノトリに対する害鳥意識があった。

そもそも完全な肉食者であるコウノトリ（田和ほか 2016）は、一般的に害鳥ではない。彼らがイネの種苗や穂を食い荒らすことはあり得ないからである。彼らが害鳥と見做されたのは、植えたばかりの早苗を踏み荒らすとの理由からであった。むろん、圃場整備がなされ反当たり収量が格段に伸びる以前の農家にとっては、たとえわずかであったとしても、苗を踏みつけられることが痛手であったことは十分考えられる。しかし、この意識が2005年の再導入開始時においてもまだ残っていたのである。

この害鳥意識は、再導入に先立って豊岡に定着した１羽の野生オス（ハチゴロウ）に対するモニタリングの結果、「現実に踏みつけるイネ株が１％以下であり、しかも踏みつけられた株の８割が立ち直る」という定量的事実（豊岡農林水産振興事務所 2008）が示されるとともに薄らいでいった。また、ほぼ同時期に兵庫県が開発した無農薬を基本とする「コウノトリ育む農法」の浸透とともに、「コウノトリにとって安全な農法は人にとっても安全である」との意識が醸成され、コウノトリに対する害鳥意識はほぼ払拭されていった。

上記のような過程をへて、現代のコウノトリは「幸せを運ぶ鳥」に180°変身した。そこで私がここ数年各地で言い続けてきた「正のスパイラル戦略」を紹介しよう。いま全国各地へコウノトリが飛んでいっているが、彼らは地

元に歓迎されるのが常である。そこでは、農林水産業に携わる地元住民が行政・学識の支援をえながら「コウノトリに良いレストランを提供する努力」を行う。このことはコウノトリの飛来をいっそう促すはずである。なぜなら、いま全国を飛び回っているコウノトリたちは、良い餌場を探す努力をしているのだから。このスパイラルが繰り返されると、いずれはコウノトリが年中、十分に食っていける状態までレストラン整備がなされ、定着そして繁殖へとコトが進むはずである。そして、このことは「鶏が先か、卵が先か」に例えることができる。答えは「どちらでも良い」のである。従来、私は「とにかく環境整備」と言い続けてきたのだが、近年「コウノトリの飛来ありき」からコトを始めても良いのだと思いなおしたのである。そして、ここで詳しく述べることはしないが、レストラン整備の行きつく先は、「陸域の生物多様性の保全・復元＝淡水魚の復活」ということになる。つまり、コウノトリは「陸域における生物多様性保全の格好のツール」と位置付けられるのである（江崎 2015）。

5　おわりに──地域の人づくり

　生態学に話を戻そう。本稿の冒頭で生態学と生態系を説明したが、「集団の生物学」としての生態学の本質は、生態系を構成する生物集団にある。生態系の物質循環は地球規模で起こっていることであり、地球を丸ごと相手にすることは得策ではない。そこで、景観を目安に、森林生態系・草原生態系・河川生態系・湖沼生態系・水田生態系・都市生態系・海域生態系といった「各種生態系」にパーツ区分することにより、生態学者は科学を行なっている。

　そして、各種生態系にはそれぞれに特徴的な生物集団が生息している。森では陸生動物が主体であり、河川・湖沼では水生動物が主体であることは明白だろう。これら各種生態系に特有の生物集団は食物連鎖によって互いにつながっており、これを「（生物）群集community」と呼んでいる。また群集は多種多様な種からなっており、これら同種の集団を「個体群population」

終章　エコロジストが考える地域の人づくり

と呼ぶ。群集は個体群の数学的集合であり、コミュニティの言葉通り人間の社会に相当し、そこでは食物連鎖をつくる捕食－被食関係のみならず、競争・協同・寄生・労働寄生などの「生物間相互作用」が存在するが、群集の存続を支えているのは、これら生物間相互作用の微妙なバランスであり、群集は各種個体群をピースとするダイナミックなジグソーパズルに例えることができる（詳細は、江崎2007を参照）。

さて、群集においては、各種個体群はダイナミックといえどもジグソーパズルのピースであり、それぞれのニッチ（Elton 1927）の枠におさまっていると考えることができる。それが、「遺伝子のかたまり」としての宿命だからである。

いっぽう、人間社会を見渡すと、先のコウノトリ害鳥意識にみえたように、時として、意識＝価値観は180°反転する。「記憶＝ミームのかたまり」としての人間が作っている地域社会は、ある時点では、個人あるいは集団がつくる数多くのピースからなるジグソーパズルという関係性を有しているが、時代が進むにつれて、そのカタチを断続的に変化させるものと考えてよい。

とはいえど、地域社会に「不変のものごと」があるのは間違いない。それは、先にあげた方言に代表される「コトバ」、そして地域社会が有する伝統的な文化である。これら、不変のものごとが、持続可能性を保証してくれるはずである。その理由は「歴史の証」に求められるが、それは、これまで「持続してきた」という事実そのものに他ならない。

一方、「変わる（べき）ものごと」も常に存在する。それらは「ミームの突然変異」が社会的な淘汰を受け「残るべくして残るプロセス」を経て、地域の環境に適応し、地域に根付いていくことだと考えられるが、イメージは**図終-4**のようになるだろう。つまり樹木は、葉から太陽エネルギーを吸収して光合成を行い、そのエネルギーが体・幹の成長に使われるが、それらは「不変のものごと」として体・幹を支えている根にも回され、地域の歴史・伝統を強固なものにしていく。そして成長あるいは根の強化には、ミームの突然変異と適応が必須と考えられる。

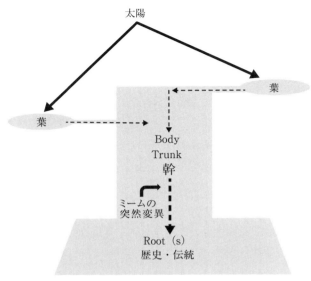

図終-4 地域の人づくり

破線矢印はエネルギーの移動を表す。

　そこで「地域の人づくり」とは、地域の歴史と伝統を基盤にしながら、ミームの突然変異に淘汰が加わることにより、新たな適応を生み出していくことだと言える。そしてその為に必要なものが「自問自答する人々を脇から支える上質の教育」であることは、誰の眼にも明らかであろう。

引用・参考文献
Dawkins, R. The Selfish Gene. Oxford University Press, Oxford, 1976
Elton, C. Animal Ecology. Sidgwick & Jackson Ltd, London, 1927
江崎保男『生態系ってなに？』（中公新書、2007年、東京）
江崎保男『自然を捉えなおす』（中公新書、2012年、東京）
江崎保男「コウノトリ野生復帰の薬効―ワイズユースによる地域社会づくり―」
　（『ECPR』36、2015年）3〜7ページ
江崎保男・大迫義人（印刷中）「野生復帰事業によるコウノトリ*Ciconia boyciana*
　繁殖個体群の再生」日本鳥学会誌
Ezaki, Y. Ohsako, Y. & Yamagishi Re-introduction of the oriental white stork for

coexistence with humans in Japan. In Global Re-introduction Perspectives: 2013-Further case-studies from around the globe. Gland, Switzerland:85-89, IUCN/SSC Re-introduction Specialist Group and Abu Dhabi, UAE: Environment Agency-Abu Dhabi, 2013

Hamilton, W. D. The genetical evolution of social behaviour. Journal of Theoretical Biology 7 1964, pp.41-52

日高敏隆『動物と人間の世界認識』(筑摩書房、2003年、東京)

川那部浩哉「生態学の歴史と展望」(『岩波講座　現代の生物学　第9巻　生態と進化』1966年)　1～18ページ

大前孝夫『子どもの疑問を大切に』(丸善プラネット、2016年、東京)

田和康太・佐川志朗・内藤和明「9年間のモニタリングデータに基づく野外コウノトリの食性」(『野生復帰』4、2016年)　75～86ページ

豊岡農林水産振興事務所「コウノトリと共生する農業の拡大に向けて」(2008年、豊岡)

ユクスキュル・クリサート (日高敏隆, 野田保之訳)『生物から見た世界』(思索社、1973年、東京)

むすび

　地球の表面は、陸域と水域に分けられる。水域は陸域より広い面積を占めており、湿地と海洋に分けられる。湿地は、大地上にオアシスのように点在し豊かな生態系を提供するとともに、そこから流れ出す水はあたかも動脈や静脈のように大地を巡り、その末端は海洋に連続している。海洋は、地球上の水の97％以上を有する巨大な水瓶であり、生物や地球環境に決定的な影響を与えている。湿地も海洋も、我々人間にとって必要不可欠なものであるにもかかわらず、あまりにも当たり前でアプリオリな存在として認識されてきた歴史がある。しかしながら今、地球規模での気候変動に加え、破壊や消耗、擾乱や汚染などにより、瀕死の状態にある。

　このような危機的な状況の中で、最新のテクノロジーやグローバルな市民参加をベースにした包括的なアプローチが模索されている。リモートセンシングやAI、ビッグデータなどを活用し、地域や国を超えて新しい政策を考え、組み合わせることにより、湿地や海洋の生態系を修復し、気候変動のインパクトを和らげていくことが試みられている。このことは、さらに貧困や飢え、経済発展、差別、平和、安全などに関する人類の立ち向かわなければならない汎用的な価値に対する「解」を明確にすることにつながっていくのである。

　新しい物語を語るべきときがきている。湿地・海洋を救うことは、我々自身を救うことにほかならない。それらは、我々の過去であり、未来なのである。

（日置光久／東京大学大学院教育学研究科附属海洋教育センター特任教授）

◆執筆者紹介◆

氏名、よみがな、所属（現職）、称号、専門分野または取り組んでいること等。

監修者
阿部　治（あべ・おさむ）
立教大学社会学部教授、同ESD研究所所長。ESD活動支援センター長。元日本環境教育学会会長。
現在、東アジアにおける環境教育/ESDの国際協力の推進と国内におけるESDの制度化、地域創生としてのESDに関する実証研究等に従事している。

監修者/編著者/序章
朝岡　幸彦（あさおか・ゆきひこ）
東京農工大学農学研究院教授。博士（教育学）。日本環境教育学会会長、元日本社会教育学会事務局長、元『月刊社会教育』（国土社）編集長、日本湿地学会理事。専門は社会教育学、環境教育学。
https://sites.google.com/site/fuchudo/home（「環境教育」入門）

編著者/第1章
笹川　孝一（ささがわ・こういち）
法政大学キャリアデザイン学部教授。日本湿地学会理事。元日本キャリアデザイン学会理事。東アジア成人教育学会名誉会長。国際成人・継続教育殿堂受賞者（2012）。専門はキャリアデザイン学、生涯教育学、社会教育学、福沢諭吉研究。

編著者/第4章/むすび
日置　光久（ひおき・みつひさ）
東京大学大学院教育学研究科附属海洋教育センター特任教授。前文部科学省初等中等教育局視学官。日本学術会議連携会員、公益財団法人科学技術広報財団理事、公益社団法人日本シェアリングネイチャー協会理事。専門は理科教育学、教科教育学、カリキュラム開発論、自然体験論。

はじめに
島谷　幸宏（しまたに・ゆきひろ）
九州大学工学研究院教授。日本湿地学会会長。

第2章
石山　雄貴（いしやま・ゆうき）
鳥取大学地域学部講師。博士（学術）。日本環境教育学会理事。専門は環境教育学・社会教育学・地方財政学・人権教育論。

執筆者紹介

第3章
田開　寛太郎（たびらき・かんたろう）
松本大学総合経営学部講師。博士（農学）。日本湿地学会理事、日本環境教育学会代議員。専門は環境教育、自然共生システム、観光とまちづくり。NPO法人きんたろう倶楽部（富山市）と協力をしながら里山の持続的で多様な取組みを進めている。

第5章
田口　康大（たぐち・こうだい）
東京大学大学院教育学研究科附属海洋教育センター特任講師。教育学・教育人間学を専門とし、人間と教育との関係について理論的かつ実践的に探求している。全国の学校や自治体と協同しながら海洋教育の実践開発および海洋教育学の構築に取り組んでいる。一般社団法人3710Lab主宰。

第6章
野村　卓（のむら・たかし）
北海道教育大学釧路校教授。博士（農学）。日本環境教育学会代議員。専門は環境教育・社会教育学、食育・食農教育論。

第7章
農中　至（のうなか・いたる）
鹿児島大学法文学部准教授。博士（教育学）。専門は社会教育学・生涯学習論。北部九州・旧産炭地筑豊地域の戦後社会教育史研究のほか、奄美・沖縄における占領期青年団史および戦後社会教育史の研究を進めている。

第7章
酒井　佑輔（さかい・ゆうすけ）
鹿児島大学法文学部准教授。博士（学術）。専門は環境教育・社会教育学・地域研究（ブラジル）。鹿児島県出水市で地域づくりに向けた実践・研究に取り組んでいる。

第8章
佐々木　美貴（ささき・みき）
日本国際湿地保全連合事務主任。法政大学兼任講師。日本湿地学会事務局次長。湿地の文化や湿地を活かした地域づくりの事例収集・研究を行っている。

終章
江崎　保男（えざき・やすお）
兵庫県立コウノトリの郷公園園長。兵庫県立大学名誉教授。理学博士。応用生態工学会会長、元日本鳥学会会長。専門は動物生態学で、その理論を基盤にして、現在はコウノトリ野生復帰の指揮をとっている。

持続可能な社会のための環境教育シリーズ〔8〕
湿地教育・海洋教育

定価はカバーに表示してあります

2019年9月23日　第1版第1刷発行

監　修	阿部 治／朝岡 幸彦
編著者	朝岡 幸彦・笹川 孝一・日置 光久
発行者	鶴見治彦
	筑波書房
	東京都新宿区神楽坂2-19　銀鈴会館　〒162-0825
	電話03（3267）8599　www.tsukuba-shobo.co.jp

© 2019 Printed in Japan

印刷/製本　平河工業社
ISBN978-4-8119-0560-0 C3037